青少年心理自助文库
完美丛书

奋　斗

沉舟侧畔千帆过

仇志英/著

 每个人都应该坚持自己的目标和追求，专注于一件事情，并且把每件事情都按时完成，勤奋是良好人生的开端。

中国出版集团　现代出版社

图书在版编目(CIP)数据

奋斗:沉舟侧畔千帆过／仉志英著. —北京:现代出版社,2013.12
(青少年心理自助文库)
ISBN 978-7-5143-1624-7

Ⅰ.①奋… Ⅱ.①仉… Ⅲ.①散文集－中国－当代
Ⅳ.①I267

中国版本图书馆 CIP 数据核字(2013)第 313646 号

作　　者　仉志英
责任编辑　刘　刚
出版发行　现代出版社
通讯地址　北京市安定门外安华里 504 号
邮政编码　100011
电　　话　010－64267325　64245264(传真)
网　　址　www.1980xd.com
电子邮箱　xiandai@cnpitc.com.cn
印　　刷　北京中振源印务有限公司
开　　本　710mm×1000mm　1/16
印　　张　14
版　　次　2019 年 4 月第 2 版　2019 年 4 月第 1 次印刷
书　　号　ISBN 978-7-5143-1624-7
定　　价　39.80 元

P 前 言
PREFACE

　　为什么当今一部分青少年拥有丰富的物质生活却依然不感到幸福、不感到快乐？怎样才能彻底走出日复一日的身心疲惫？怎样才能活得更真实、更快乐？我们越是在喧嚣和困惑的环境中无所适从，越觉得快乐和宁静是何等的难能可贵。其实"心安处即自由乡"，善于调节内心是一种拯救自我的能力。当我们能够对自我有清醒的认识，对他人能宽容友善，对生活无限热爱的时候，一个拥有强大的心灵力量的你将会更加自信而乐观地面对一切。

　　青少年是国家的未来和希望。对于青少年的心理健康教育，直接关系到其未来能否健康成长，承担建设和谐社会的重任。作为学校、社会、家庭，不仅要重视文化专业知识的教育，还要注重培养青少年健康的心态和良好的心理素质，从改进教育方法上来真正关心、爱护和尊重青少年。如何正确引导青少年走向健康的心理状态，是家庭、学校和社会的共同责任。心理自助能够帮助青少年改善心理问题，获得自我成长，最重要之处在于它能够激发青少年自觉进行自我探索的精神取向。自我探索是对自身的心理状态、思维方式、情绪反应和性格能力等方面的深入觉察。很多科学研究发现，这种觉察和了解本身对于心理问题就具有治疗的作用。此外，通过自我探索，青少年能够看到自己的问题所在，明确在哪些方面需要改善，从而"对症下药"。

　　我们常听到"思路决定出路，性格决定命运"的名言，"思路"是指一个人做事的思维和发展的眼光，它决定了个人成就的大小；"性格"是指一个人的

品格和心胸,做事要成功,做人必先成功。一个做人成功的人,事业才可能有长足的发展。

记得有位哲人曾说:"我们的痛苦不是问题本身带来的,而是我们对这些问题的看法产生的。"这句话正好体现了"思路"两字的含义。有时候我们由于视野的不开阔,看问题容易局限在某个小范围,而自己可能也就是在这个小范围内执意某些观点,因此导致自己无法找到出路而痛苦。如果我们能在面对问题时,让视野更开阔一些,看问题更加深入一些,或许我们会产生新的思路,进而能找到新的出路。

视野的开阔在一定程度上决定了思路的萌发。从某种程度上看,思路已是在你大脑中形成的对问题解决的模型,在思路实施前,自己已经通过自身的知识在大脑中做了模拟实施和预测判断。但无论是模型的形成,还是预测判断,都离不开自身的知识结构。知识结构越完善,自己的视觉就越开阔,就越能把握问题的本质,更加容易萌发新的思路。知识储备的广度在一定程度上决定了思路的高度。

本丛书从心理问题的普遍性着手,分别论述了性格、情绪、压力、意志、人际交往、异常行为等方面容易出现的一些心理问题,并提出了具体实用的应对策略,以帮助青少年读者驱散心灵的阴霾,科学调适身心,实现心理自助。

本丛书是你化解烦恼的心灵修养课,可以给你增加快乐的心理自助术;本丛书会让你认识到:掌控心理,方能掌控世界;改变自己,才能改变一切;只有实现积极的心理自助,才能收获快乐的人生。

C目录
CONTENTS

第一篇　奋斗的人生，没有什么不可以

要有一颗不安分的心 ◎ 3

做人，何妨放手一搏 ◎ 7

怀揣希望上路 ◎ 10

付出才能收获 ◎ 13

机会垂青于有所准备的人 ◎ 15

认准了，就放手去做 ◎ 21

第二篇　踩着目标上路

双脚踩在目标上 ◎ 27

明确的目标是成功的动力 ◎ 32

将目标进行到底就能创造奇迹 ◎ 34

养成专注的好习惯 ◎ 37

凡事专注定能到达成功 ◎ 39

专心致志，把事情做到最好 ◎ 42

复杂事情简单做，简单事情认真做 ◎ 45

目
录

将明确的目标运用于工作 ◎ 48

第三篇　风雨中的我们更加美丽

做一根"坚强的木头" ◎ 53

人生,不能没有对手 ◎ 56

"枪毙"心中的痛苦 ◎ 58

厄运是个信号弹 ◎ 61

第四篇　做一个锋芒不毕露的刀

悦纳真实的自己 ◎ 67

充满自信 ◎ 69

不求公平求效率 ◎ 73

笑到最后的才是真正的赢家 ◎ 77

保持高昂的斗志 ◎ 80

自信是成功的基石 ◎ 84

自卑是成功的绊脚石 ◎ 87

让自己的长处帮自己奋斗 ◎ 90

自信能克服一切困难 ◎ 92

做一条离开水的鱼 ◎ 95

第五篇　带着健康奋斗

健康是奋斗的资本 ◎ 101

亲身实践是走向成功的必经之路 ◎ 107

心理健康身体才更健康 ◎ 109

放宽心情,战胜情绪低潮 ◎ 111

铲除消极情绪 ◎ 114

第六篇　保持一颗热忱的心

认认真真做事 ◎ 119
用心做事 ◎ 123
做事要尽全力 ◎ 126
保持工作热情 ◎ 129
用你的热忱感染其他人 ◎ 133

第七篇　合作奋斗

学会与人合作 ◎ 139
互相合作有助于成功 ◎ 142
换位思考,获取合作机会 ◎ 144
寻找同行合作,优势互补 ◎ 147
懂得互惠双赢 ◎ 149

第八篇　怀有一颗进取的心

进取心才可能成功 ◎ 155
逆境中不屈服才可以创造奇迹 ◎ 157
智力不是成功的唯一因素 ◎ 159
勤奋带你走向完美人生 ◎ 162
牢记优胜劣汰的狼性原则 ◎ 164
博学广识 ◎ 167
创新求变,危机中克敌制胜 ◎ 169
观念创新,前途一片光明 ◎ 172

目
录

3

思维创新,拓宽解决问题思路 ◎ 176

学会复制别人的成功 ◎ 179

第九篇　奋斗要注重细节

机会常隐藏于细节之中 ◎ 185

百分之一的错误可能会带来百分之百的失败 ◎ 187

隐藏在细节中的智慧 ◎ 190

培养良好的生活细节 ◎ 193

第十篇　奋斗路上,且歌且行

放下包袱,且歌且行 ◎ 199

要有自制力 ◎ 202

控制自己的情绪 ◎ 204

别冒不必要的风险 ◎ 207

保持清醒的头脑 ◎ 209

化危机为转机 ◎ 211

第一篇

奋斗的人生，没有什么不可以

人生在少年时期，除了受父母的保护，师友的指导外，就得与寒暑奋斗，与疾病奋斗，若家境贫寒，就得与生活奋斗。到了青年时期，更要自己与自己奋斗，这是人生大奋斗的预备时期。

人的各种需求是需要我们的努力奋斗才会有的，无论理想、财富、爱情，甚至快乐都是要我们去学习，去努力，去争取，去改变然后才会有的。因此一个人的一生都是在奋斗中度过，而且每一个人都是遵循着一个规律：怀揣着希望上路，认准付出才能收获，放手一搏，坚持不懈，最后取得成功。

要有一颗不安分的心

人总是自觉不自觉地在寻求什么——通过寻求、通过奋斗，我们才感觉到自己是活着的，才认为自己是具有某种意义的。孔子言："饱食终日而无所用心，难矣哉！"即是说：如果让一个人吃饱喝足之后，什么都不做，那真是太难为他了！

所谓不安分，就是找出一条最适合自己走的路，找到最适合自己做的事，全心投入，努力奋斗，然后走向成功。其实我们每个人原本都怀着一颗不安分的心，只不过随着社会的磨砺，一些人逐渐失去了自己的棱角，失去了那颗不安分的心。

看历史上许多成功者、弄潮儿在年轻的时候都是不怎么安于现状、"不守本分"的。往往是别人都墨守成规地做着"陈年往事"，他们却一反社会共同心理，逆社会规则而上，做着"不合时宜"的事儿。他们为什么敢这样做呢？

因为他们知道，这个社会的结构在于延续和稳定，既然生存于这个社会当中，就要学会遵守必要的社会规则，不能太出格；但只是老老实实地遵守规则，是没办法推陈出新的，要想在规则中胜出，就必须敢于打破一些社会规则——这才是精英的标准。

当然，所有打破规则的人不会都能取得成功，但要想取得成功，就必须具备这种不安分的气质。动，然后才能有成功；不动，只会永远安于现状、不思进取，这样的人不会成什么大气候。

汉高祖刘邦是农民的儿子，他不种田，却终日游手好闲，忙于结交各方朋友,家境不宽裕,却喜施舍。虽然在起事前,他也不知道自己的一生究竟应该如何走下去,但那颗不安分的心始终在他的体内跳动。在历史提供的机遇面前,刘邦那独特的气质有了用武之地,结果成就了一番霸业。

俞敏洪的性格当中,有一个十分明显的特征——不安分。俞敏洪这样说道:"我发现成功人士都有一个特质,就是不安分。比如我父辈当中的很多成功者,都是随着改革开放放弃了原来的铁饭碗,只身闯荡江湖的。但这绝对不是什么'懂得放弃'的精神,而是因为他们不安分,不满足于眼前安稳的现状——我就遗传了这样的'不安分基因'。"

再比如比尔·盖茨,这个哈佛法律专业的大学生,却不安于现状,在大一时就迫不及待地辍学去开他的电脑公司了。

性格沉稳的李嘉诚,实际上是个不安分的人。他去五金厂做推销员,但打开局面就跳槽去了塑胶公司。他很快成为公司出类拔萃的推销员,18岁当部门经理,20岁升为总经理,深得老板器重。他春风得意时,突然又要跳槽!

1946年上半年,香港经济迅速恢复到战前最好年景1939年同期的水平。战时遭破坏的工厂商行都已恢复生产营业,香港人口激增到一百多万。市景日益繁荣,入夜之后,港岛九龙的霓虹灯交相辉映,满载货物的巨轮,昼夜不停地出入维多利亚港。

中南钟表公司的业务有长足的发展,东南亚的销售网络重新建立,营业额呈几何级数递增,庄静庵筹划办一间钟表装配工厂,再扩展为自产钟表。

在这个时候,李嘉诚又该怎么发展?一条路,在舅父荫庇下谋求发展,中南公司,已成为香港钟表业的巨擘,收入稳定,生活安逸;另一条路要艰辛得多,充满风险,须再一次到社会上闯荡。

李嘉诚选择了后者,他喜欢做充满挑战的事。在舅父的羽翼下,更容

易束缚自己,贪图安逸,要趁现在年轻,多学一些谋生的本领,拓宽视野,增长见识,为的是今后做大事业!

17岁的李嘉诚,已学会独立思考。他心念已定,却不知如何向舅父开口。舅父待他不薄,是李家的恩人。五金厂的老板,跟庄静庵曾有业务交往,他出面与庄静庵交涉,请求庄静庵"放人"。庄静庵与李嘉诚恳谈过一次,设身处地站在嘉诚的角度看问题。当年庄静庵也是一步步由打工仔变成老板的。嘉诚眼下还不会独立开业,他迟早会踏上这一步的。

舅父更深一层了解了嘉诚与众不同的禀性。

李嘉诚开始了"行街仔"(走街串巷)生涯,他说,他一生最好的经商锻炼,是做推销员。行街推销,与茶楼侍候客人,和坐店销售钟表皆不同。后者顾客已有购买的意向,而行街推销,最初只有一方的意向。

对方有没有买的意图?需不需要你的产品?你如何寻找客户,联系客户?你与客户初次会面该说什么话,穿什么衣服?客户没有合作意向,你如何激发他的意向?建立了购销关系的客户,你如何巩固这种关系?

真正的推销艺术,大学课堂里学不到,任何书本里也找不到。推销的艺术,在推销的本身,只能在推销之中去把握和领悟。

五金厂出品的是日用五金,比如镀锌铁桶这一项,最理想的客户,是卖日杂货的店铺。大家都看好的销售对象,竞争自然激烈。李嘉诚却时时绕开代销的线路,向用户直销。

社会是无情的,市场是冷酷的,没有真本事,就无法在市场经济中闯荡。我们仔细观察就会发现社会当中有三种人:

第一种,他们不能适应社会的准则,被社会无情地打击到社会的最底层,他们的精神生活几乎为零,只能得到维持生命存活的最基本的物质条件,只是"活着"而已;

第二种人,他们能够适应社会的准则,但他们必须遵守社会准则,在社会准则面前没有任何尊严,他们随波逐流,在适应社会准则时,能够得到一丁点的好处;

第三种人，他们不但能够游刃有余地适应社会准则，而且能够在完全了解、理解社会准则后，根据自己的想法改变一部分社会准则，从而实现自身价值，他们不用为"为了生存而活，还是为了实现个人价值而活"这样的问题苦恼，因为他们为世人创造物质财富和精神财富！

我们大多数人，做不到第三种。

首先，我们已经适应了逆来顺受，已经适应了去适应，而不是去改变。我们适应了随大流不犯大错，而不懂得独立做判断，独立选择。比如考大学，为什么考大学，因为这样稳！这是什么稳？不是安稳，是这样不会出大问题。大家都这样了，我不这样，就比大家差了，就不稳了。殊不知，这个"大家"，也是看大家都这样才这样的。

很多人有种很恶劣的文化心理——求同心理，跟大多数人一样，他才有安全感。"木秀于林，风必摧之；堆出于岸，流必湍之；行高于人，众必非之。"这就是很多人信奉的"犬儒式"人生哲学！

其次，有些人已经丧失了创造力。改变需要有创造力，没创造力的人没自信，所以他们不求有功，但求无过——这是弱者的想法。真正的强者，他会藐视过失——错了怎么样？机会成本而已！

只有不安分的人，总爱折腾点事儿出来的人，跃跃欲试、蠢蠢欲动的人，才能不断突破自我，不断奋斗，才能演绎出精彩纷呈的人生。

我们一辈子努力的过程就是使自己变得更加完美的奋斗过程，我们的一切美德，都来自于克服自身缺点的奋斗。其实我们每个人都是潜在的亿万富翁，就看你如何行动了。

做人,何妨放手一搏

三分天注定,七分靠打拼,不打拼,怎么赢呢?没有谁的财富是不用经过努力换来的——天下没有免费的午餐。

我们常常在不该打退堂鼓时拼命打退堂鼓,因为恐惧失败而不敢尝试成功。这也正是我们许多人面临的很实际的一个问题:我们想做自己梦想的事,但就是害怕去尝试,害怕失败,害怕未知,害怕危险,最后,只好在自己的家里“安全”地坐着,耗费余生。

成功,往往产生于再坚持一下的努力之中。做人,何妨放手一搏! 伟大的行动,总有一个卑微的开始。

洛克菲勒大胆、独到的商业眼光,大胆一搏的精神,可以说是从小养成的。洛克菲勒出生在美国东北部一个小村,家境贫寒。幼年时,曾将别人送他的一对火鸡精心喂养成群,挑好的在集市上出售。12 岁时积蓄了50 美元,他把钱借给邻居,收取本息。在克利夫兰商业学校毕业后,曾任一运输公司会计,3 年之内积蓄了 900 美元。他未参加南北战争,却在战争中捞取了 1.7 万美元。

23 岁时,他到了钻出美国第一口油井的石油城,经实地考察,决定从事风险不大、不会亏本的炼油业。第二年与他人合资 7 万美元在克利夫兰建立了一家大炼油厂,采用可提炼出优质油的新技术,把竞争者远远抛在后面,获利 100%。

1870 年,他把两座炼油厂和石油输出商行合并,创建俄亥俄美孚石油公司。此后不到两年的时间,他吞并了该地区 20 多家炼油厂,控制该

第一篇 奋斗的人生,没有什么不可以

7

州90%炼油业、全部主要输油管及宾夕法尼亚铁路的全部油车,又接管新泽西一铁路公司的终点设施,迫使纽约、匹兹堡、费城的石油资本家纷纷拜倒在其脚下。

接着,为控制全国石油工业,他操纵纽约中央铁路公司和伊利公司同宾夕法尼亚公司开展铁路运费方面的竞争。结果,在8年内,美孚石油公司炼油能力从占全美4%猛增到95%。美孚公司几乎控制了美国全部工业和几条大铁路干线。1882年,它成为美国历史上第一个托拉斯。

后来,洛克菲勒财团又形成由花旗银行、大通一曼哈顿银行等四家大银行和三家保险公司组成的金融核心机构,这七大企业控制全国银行资产的12%和全国保险业资产的26%,洛氏家族通过它们影响整个美国的工业企业决策。

1896年,57岁的洛克菲勒退休了。退休后,洛克菲勒几乎将全部的精力放到了发展慈善事业上。从19世纪90年代开始,他每年的捐献都超过100万美元。1913年,他设立了"洛克菲勒基金会",专门负责捐款工作,捐款总额高达5亿美元之多。迄今为止,这个基金会共培养了3位国务卿、12位诺贝尔医学奖获得者和众多科学家。被称为"亚洲第一流医学院"的北京协和医院,即是"洛克菲勒基金会"捐款修建的。

看到这里,我们可能忍不住想问:一个普普通通的商人,为什么能取得如此惊人的成就呢?他究竟具备了哪些令我们常人望尘莫及的特殊能力呢?

人与人之间的能力会有多大差别?大家都是智力正常、吃饭喝水长大的正常人。人与人之间的不同,更多的是精神方面的差异。

当一些大财团为了在中心地段觅得一块宝地而争得头破血流的时候,洛克菲勒独辟蹊径,在当时看来前途未卜的地皮上玩起了"倒骑驴"。从最初招致他人的奚落嘲笑,到后来演绎成众人目瞪口呆的经典,洛克菲勒用逆向思维在同行中创造了一个投资奇迹。在竞争处于胶着状态时,谁敢于及时打破常规、逆势而行,谁就有可能率先在山重水复中柳暗

花明。

　　洛克菲勒知道,一个不愿冒任何风险的领导者,终将一事无成。经营企业有很大的偶然性,这需要胆识和冒险精神,如果在商机出现时不敢大胆一搏,可能就丧失了赢得成功的契机。

　　成功的路上风风雨雨,荆棘密布,唯有勇者方可取胜。很多成功者为什么能白手打天下,许多都是因为有敢为天下先的超人胆识,有放手一搏的意识。经济学家樊纲说:"企业家精神就是创新精神,创新精神就是冒险加理智。"可以说,一个企业家身上,60%是冒险精神,40%是理智——如果一个人的冒险精神降到20%,理智成分上升到80%,他估计就成学者了!

　　放手一搏并不是让我们无知鲁莽地冒险,并不是像赌徒那样,完全把宝押在"运气"上。我们搏的不是运气,而是靠智慧,建立在科学分析、理智思考和周密准备的基础之上。倘若一点可能性也没有,就冒冒失失地干起来,这就叫盲动,或者说是一种自杀行为。比如有些企业在扩张的发展道路上,盲目地扩大生产规模、延长生产链,对于联营企业的产品质量都不加以控制,从而使自己好不容易创出来的品牌在消费者心目中一落千丈,这样就是蛮干。

　　你宁可永远后悔,也不愿意大胆一搏?你想等到失败之后,等到自己的人生即将落幕的时候,才后悔自己还有潜力没发挥,还有梦想没实现吗?

怀揣希望上路

希望带来美好,美好的希望更是让人激动,让人无限向往。社会能进步几乎是希望的功劳,是它让会思考的生命去奋斗、拼搏,让社会天天在进步。同时,我们要时刻提醒自己,希望只是希望,只有用勤奋去浇灌,才能盛开希望之花,得到希望之果。

当年,美国曾有一家报纸曾刊登了一则园艺所重金征求纯白金盏花的启事,在当地一时引起轰动。

高额的奖金让许多人趋之若鹜,但在千姿百态的自然界中,金盏花除了金色的就是棕色的,能培植出白色的,不是一件易事。所以许多人一阵热血沸腾之后,就把那则启事抛到九霄云外去了。

一晃就是20年,一天,那家园艺所意外地收到了一封热情的应征信和1粒纯白金盏花的种子。当天,这件事就不胫而走,引起轩然大波。

寄种子的原来是一个年已古稀的老人。老人是一个地地道道的爱花人。

当她20年前偶然看到那则启事后,便怦然心动。她不顾八个儿女的一致反对,义无反顾地干了下去。她撒下了一些最普通的种子,精心侍弄。

一年之后,金盏花开了,她从那些金色的、棕色的花中挑选了一朵颜色最淡的,任其自然枯萎,以取得最好的种子。次年,她又把它种下去。然后,再从这些花中挑选出颜色更淡的花的种子栽种……,日复一日,年复一年。终于,在我们今天都知道的那个20年后的一天,她在那片花园中看到一朵金盏花,它不是近乎白色,也并非类似白色,而是如银如雪的白。

一个连专家都解决不了的问题,在一个不懂遗传学的老人手中迎刃而解,这是奇迹吗?

当年曾经那么普通的一粒种子啊,也许谁的手都曾捧过。捧过那样一粒再普通不过的种子,只是少了一份对希望之花的坚持与捍卫,少了一份以心为圃、以血为泉的培植与浇灌,才使你的生命错过了一次最美丽的花期。种在心里,即使一粒最普通的种子,也能长出奇迹!

希望就是力量。在很多情形下,希望的力量可能比知识的力量更强大,因为只有在有希望的背景下,知识才能被更好地利用。一个人,即使一无所有,只要他有希望,在未来的某一天,他就可能拥有一切;而如果他一开始就对自己不抱什么希望,那他在起点就已经丧失拥有一切的可能性了!

有一个学心理学的朋友,他说他们实验室最近正在研究积极心理治疗理论,并给我讲了他们做过的一个试验:

将两只大白鼠丢入一个装了水的器皿中,它们会拼命地挣扎求生,一般维持 8 分钟左右就不行了。然后,在同样的器皿中放入另外两只大白鼠,在它们挣扎了 5 分钟左右的时候,放入一个可以让它们爬出器皿的跳板,这样,这两只大白鼠就得以活下来。

若干天后,再将这对大难不死的大白鼠放入同样的器皿,结果令人吃惊:两只大白鼠竟然可以坚持 24 分钟——3 倍于一般情况下能够坚持的时间!

同样是为了存活下来,照理说这些大白鼠应该在强大的求生本能驱使下,不拼尽最后一丝力气不会罢休的。它们的体质、健康状况、年龄都是差不多的,为什么会出现如此巨大的差异呢?

这位朋友解释说:虽然这些大白鼠的身体状况是一样的,但它们的心理状态却有很大不同。前面两只大白鼠,因为没有逃生的经验,它们只能凭自己本来的体力来挣扎求生;而有过逃生经验的大白鼠却多了一种精神力量,它们相信在某一个时候,一个跳板会救它们出去,正是这个信念的支撑,使得它们能够坚持更长的时间——这种精神力量,就是积极心态的力量,就是希望的力量。

心灵悄悄话

只要我们心中存在希望,只要我们心中有一颗希望的种子,带着希望上路,那么我们在人生的路上就一定会创造出奇迹。

付出才能收获

有一些人总是想着不劳而获,坐等掉馅饼的事,按事物正常的发展规律是不可能的。有付出才有收获,有奋斗才有成功,种瓜得瓜,种豆得豆。而且付出与收获是成正比的。

一个老婆婆有两个儿子,大儿子长得英俊潇洒,而小儿子却相貌平平。老婆婆担心小儿子长大后很难娶到媳妇,所以对其格外用心。从小就细心地教小儿子学会怎样穿着衣服,怎样待人接物;而对大儿子却没怎么用心。在两个儿子都到了成家的年龄后,小儿子很顺利地娶到了漂亮的媳妇;而英俊潇洒的大儿子却娶不到妻子,这时老婆婆才又开始教导大儿子;但大儿子已是积习难改了,老婆婆费了很大的劲对大儿子进行左包右装,然后又费了好大劲儿才为大儿子娶到了一个丑媳妇。

从这个故事我们看到一个人能否成功与其先天条件没有直接的关系,关键在于后天付出的努力。大儿子虽然天生俊美,但由于年少时没有付出培养好习惯的时间以至于积累了许多恶习,而长大后难以娶到媳妇。而小儿子虽相貌一般,但由于从幼年开始母亲便注重培养其为人处世方式,养成了好习惯,他所付出的努力比他的哥哥多,所以最后他得到的也比他的哥哥多些。

有个年轻人想做生意,于是他向父亲征求意见:"我想在咱们这条街上赚钱,需要先准备什么呢?"他的父亲想了想说:"如果你不想多赚钱,可以现在就凭两间门面,进货上柜开张营业;而你若想多赚些钱,就得先准备为这条街上的街坊邻居们做些事情。"年轻人接着问道:"那我应该先做些什么事情呢?"

父亲又想了一会儿说:"能做的事情有很多,如邮递员每天送信,但有很多信件很难找到收信人,你可以帮忙找找;还有很少有人扫街上的树叶,你可以每天清晨去扫一扫;此外,许多家庭需要得到一些举手之劳的帮助,可随便帮帮……"

年轻人不解地问道:"这与我开店有什么关系呢?"父亲笑着说:"你想把生意做好,这一切对你都会有帮助的。"

年轻人虽是半信半疑,但还是按他父亲说的那样去做了。每天,他不声不响地帮邮递员送信,打扫街道,帮几家老人挑水劈柴;听到谁遇到困难需要帮助,他马上就会去。

没多久,这个年轻人就闻名于这条街道,所有的人都知道了年轻人的存在。

年轻人在半年后开了自己的商店,开始挂牌营业。让他感到惊奇的是来了非常多的顾客,一条街的街坊邻居几乎都成了他的客户,甚至一些其他街的老人也拄着拐杖特意来他的店中买东西。他们对年轻人说:"我们都知道你是个好人,到你这儿来买东西,我们放心。"后来,年轻人决定送货上门,遇到经济困难的人家,他也总会让他们先赊账。就这样在短短几年时间,他便从一个一文不名的年轻人成了著名连锁店的老板。

我们常常只想得到自己想要得到的,却很少认真想过收获前的付出。有付出才有回报,也许有些回报会来得晚些,但如果你不懂得付出是永远也不会有回报的。

好多人不知道,要想得到,先要付出的道理,其实付出就是拥有,只不过有些收获得晚了点,甚至有些获得是一种无形的,不能用金钱衡量的,好多人是意识不到的。

机会垂青于有所准备的人

　　机会只会垂青有准备的人，不会为没有准备的人而停留。没有准备的行动只能使一切陷入僵局，最终面临的也只会是失败。美丽的花朵是花蕾孕育的结果，而成功者的成功则是充分准备的结果。

　　越王勾践被吴王夫差打败，被贬为平民并受尽凌辱，作为一个亡国之君，他无话可说。这时要怎么办？是继续做一个平民百姓，看着大好河山被别人占据；还是立刻发兵，夺回国土、夺回自己的尊严？

　　勾践是明智的，他明白如果立刻发兵换来的只会是失败，只会添加更多的伤亡。然而，亡国之耻不能不报。为此，他决定与民同衣、与民同住，卧薪尝胆，铭记亡国之恨；体察民情，聚敛人心。还用西施麻痹夫差，以换取更多的时间。勾践这么做是为了什么呢？

　　这是为了充分准备，为了将来的成功而准备。从此"臣民思报君之仇"，仅用三千越甲就吞下了整个吴国，10 年的努力准备换取了一朝成功！可以说勾践的成功是必然的。在忘和记之间，他勇敢地选择了记，在立即发兵与充分准备之间，他毅然选择了后者。这需要何等勇气才能办到，但我们在赞叹之余不禁会感叹，若是没有长达 10 年的充分准备，勾践他也是难以胜利的吧！

　　"凡事预则立，不预则废"，你若想抓住机遇并靠其获得成功首先要有创造机遇的能力。不管在做什么事之前，都应该做最好的准备与最坏的打算。做最好的准备是为了获取最大的成功，而做最坏的打算是为了能够承受意外的结果，不至于一蹶不振。倘若你想成功，就必须做好充分的准备。这是因为成功是充分准备的结果，而机会垂青于有所准备的人。

有两个猎人到山中打猎，一个猎人的枪法非常好，而另一个猎人的枪法要差些。而两人在什么时候装子弹上也有很大的区别，枪法好的猎人认为只要在见到猎物时装上子弹即可，而枪法差些的猎人则认为要先装好子弹，充分做好狩猎的准备才能打到更好、更多的猎物。

某天两人一起早早地进山去，走着走着忽然有一只狐狸窜到了眼前，在枪法好的猎人急忙准备上子弹时狐狸早已经跑得无影无踪了，两人只好垂头丧气地继续往前走。又走了一段路，突然两人同时听见了一声低低的吼声，原来是一只大灰狼在前面不远的地方。枪法好的猎人又急忙准备上子弹，而这时枪法差些的猎人猛一举枪，一扣扳机，猎物已经成为他的盘中餐了。

猎人枪法再好，但在看到猎物时才去装弹药，作为一名猎手最基本的准备工作都没有做好，自然也不会有什么收获。

机会对每个人而言都是公平的，有人错过，也有人抓住；有人发现了，也有人懵懂不知；有人在不断努力地创造机会，也有人在苦苦等待机会。然而又可以说机会是不公平的，它只垂青那些懂得怎样追求它、有准备头脑的人；它不欣赏投机，也不喜欢懒汉。因此，聪明人懂得勤奋努力，不断开拓，并持之以恒地去创造机会，而不是坐等机会。机会的大门一直都只为有准备的人而开。

有位作家曾说："成功的秘诀，就是随时准备把握时机。"由此可见机遇是通往成功之路的基石，一个人抓住了机会就如拥有了一笔巨大的财富。

把握好现在，才可能在以后的人生道路上有所建树，不要只埋怨社会不公平，成功不是偶然的。因而做好准备，随时迎接来自社会的浪涛冲击，这样才不会错失良机。机不可失，失不再来。

有一个人非常信奉上帝，每当他遇到困难时，总希望上帝会来拯救

他。一天他不慎落水，在水中挣扎时他对上帝降临抱着极大的希望。一位船夫看见在水中挣扎的他，赶忙划船来救他。但他却坚定地说："你走吧，上帝会来救我的。"于是船夫无奈地走了。他在渐渐往下沉，当水漫到他胸部时，远处飘来了一根木桩，只要他一伸手便能抓住木桩而得救，但他依然放弃了这个求生的机会。他自始至终都相信上帝会来救他。最后，他被活活地淹死了。

终于他见到了上帝，气愤地问上帝："我对您那么崇敬，为什么当我面临死亡时，您却不救我呢？"上帝回答说："我第一次送去一条船来救你，接着又送去一根木桩来救你。你对摆在自己面前的机遇却视而不见，怎么可以说是我没救你呢？应该说是你自己不救自己。"

到底什么样的机会才算是真正的机会呢？不同的人或是从不同的角度出发，都会有不同的理解。上帝以为"船夫"与"浮木"是落水者求生的机会，而落水者却不这么认为，他一直认为上帝伸出的手才是他求生的机会：显然落水者的盲目葬送了自己的性命。在有性命之忧时，可以挽救生命的便是机会，这时哪里还有心思去等"上帝之手"类的东西，眼前最重要的是抓住转瞬即逝的机会。

这个小故事与前面一个类似，一个生活在偏僻小镇上的牧师，兢兢业业地从事着自己的本职工作，为去世的人举行葬礼，为年轻人主持婚礼，为新生的婴儿洗礼。日复一日，年复一年，辛勤不辍。就这样飞快地过了40年。

那年夏季，下起了阵阵大雨，一直不停。由于小镇上的积水越来越多，房屋都快被淹没了，而镇上的居民也大都搬迁到了他处。牧师却不肯走，他坚信自己的天职。雨越下越大，水也越涨越高。牧师不得已爬上了教堂的房顶。此时，有人划船而来，船上的人向牧师喊道："尊敬的牧师，我载你离开这儿吧，这里快要被淹没了。"牧师回答说："我不走，我是上帝的仆人，一直忠诚地履行上帝赋予我的任务，你们走吧，上帝不会让我死的。"来人无奈，只得独自离去。

一天后，又有带牧师离开的船来，然而牧师用同样的回答让救援的人离开。雨水在3天后漫过了屋顶，牧师只能爬到教堂的塔尖上。这时，一架直升机飞到了教堂上方，上面的人向牧师喊道："牧师，我是来救你的。我把梯子放下去，你用上面的绳子捆住自己的腰，我带你离开这儿。"但牧师依然固执地说："我为上帝付出了一生，他不会让我这样死去的，雨很快就会停了，水也会褪去，我相信我可以活下去。你们走吧。"飞机上的人在屡劝无效的情况下，只得无奈地飞走了。而牧师在一天后被淹死了。

牧师来到天堂，见到了上帝。上帝看到他感到非常惊讶，说："怎么是你，你怎么会死呢？"牧师有些生气地答道："这有什么奇怪的吗？我从无二心地为你做了一辈子的事情，然而你却连生的机会都不给我，让我活活被水淹死。"上帝难以置信地瞪大了眼睛，说："怎么可能？我怎么可能不给你生的机会，我可是给你派去了两艘船和一架直升机的。"

有时机会就摆在我们面前，就看你是否能够抓住它。要知道机不可失，时不再来，一样的机会不可能一而再，再而三地向你招手。牧师的惨痛经历提醒我们，在心中坚守的信念也许就是从眼前晃过的那次机会，唯一能做也是应该要做的就是紧紧抓住它。机会一晃就过，如果不及时抓住，就可能再也找不到了。

前进的道路上总会充满艰险，我们也难免会"一不小心跌入河中"，此时我们不应妄想有神的力量相助，而要保持清醒的头脑，识别并抓住稍纵即逝的机会来挽救自己。要知道天助自助者，自己不努力积极地去寻找机会、抓住机会，而一味等待"上帝之手"，最终的结果会与落水人相差无几。要明白，机不可失，时不再来。

机会不是运气，要靠碰才能得到。只有善于把握机会，捕捉机遇，并善用机遇，才能让你在自己的人生道路上一次次获得成功。

机遇充斥着人的一生，而机遇不管对谁都非常重要，正所谓"时势造英雄"。因此，当机遇降临时，应审时度势，当机立断，快速做出选择；切忌优柔寡断,从而错失良机,要知道"机不可失,时不再来"。

苏格拉底与学生到郊外散步,他指着面前的一片稻田对学生说:"你穿过这片稻田,从中采一枝最美的稻穗回来。一次为准,不许回头。"学生走入稻田,他看到一株非常美丽的稻穗,但他没有采;因为他想采摘一枝这片稻田里最漂亮的,他认为前面定有更好的;就这样,这个学生不知不觉地走出了这片稻田,而他⋯支稻穗也没有摘到。然而,他已不能再回头去采摘了。

接着苏格拉底又指着前面的一片树林对学生说:"你穿过这片林子,摘一枝最漂亮的树枝回来。一次为准,不许回头。"学生走入森林,这时他记起采稻穗的教训,于是他在看到一枝美丽的树枝后,就立即将它摘了下来。而当他举着摘下的树枝穿过林子时,发现前面还有很多更漂亮的树枝,但他也已没有选择的余地了。

这个故事告诉我们要抓住机遇,才能走向成功,应当珍惜每一次机会,去尝试、去把握、去创造,相信必定能走向成功。机遇不只是需要等待,更需要我们去努力创造。愚蠢的人总是在浪费机会,平常的人总是在等待机会,而聪明的人则善于创造机会,我们应该好好把握人生的每一次机会!当到达成功顶点时,你会庆幸自己的命运原来掌握在自己手中。

居里夫人说:"弱者等待时机,强者创造时机。"一个人要想成功,不仅要靠勤奋努力、聪明才智,还要懂得创造机会,及时把握时机;不犹豫、不退缩、不观望、不因循守旧,想到就做,有去尝试的勇气,并且有实践的决心,诸多因素才可能造就一个人的成功。

一个人成功或存在着偶然的机会,然而偶然机会的被发现、被抓住以及被充分利用却又非绝对的偶然。可以说徘徊观望是我们成功的大敌。由于机会到达面前时,很多人信心不足,在犹豫间就将机会轻易放过了。所谓机会难再来,即便它愿意再次来敲你家的门,而如果你仍未改掉徘徊瞻顾的毛病的话,它依然还是要溜走的。坚定果断,及时把握机会,才可能品尝到成功的快乐:而思前想后,犹豫不决,就可能错过许多机会。

每个人都有属于自己的机遇，然而在人的一生中能发挥优势、施展才能的机会并不多，因而每个人都应该学会把握机会，创造成功的机会。

雪莱说："过去属于死神，未来属于自己，趁未来还属于自己的时候，抓住它吧！"在我们的生活中不可或缺的一种重要元素就是机遇，我们不应该以"幸运者"的身份去默默等待它的降临，而应该以"创造者"的身份去发现它、寻找它，并适时地抓住它、把握它，这样才能沐浴到胜利的灿烂阳光。

　　倘若将人生视为一个完整的圆，至少也有180°的弧是为机遇创造成功；而倘若将人生视为一次登山之旅，当你在山腰看到那青绿的叶、艳美的花时，一定要懂得牢牢把握机会，摘一朵属于自己的花。

认准了，就放手去做

试想倘若那个年轻人当时有了想法，而没有付诸行动，肯定就不会有后来的收益。成功不会在幻想中产生，如果认准了一件事情，就要下定决心放手去做。

一列火车行驶在荒无人烟的山野之中，车上的乘客们百无聊赖地望着窗外，一个要去某地的年轻人也在其中。火车在一个拐弯处减速行驶，一所简陋的平房缓缓地进入了年轻人的视野。而此时很多的乘客都睁大了眼睛去"欣赏"寂寞旅途中这道特别的风景，甚至有些乘客开始议论起这房子。年轻人的心为之一动。

年轻人办完事在返回的中途下了车，并不辞辛苦地找到了那所房子。房子的主人告诉他，火车每天都要从门前驶过，他们实在受不了火车驶过时所发出的声音，因此想以低价卖掉房屋，但多年来一直无人问津。年轻人在不久后用3万元买下了那所平房，他认为这所房子正好处在拐弯处，火车经过这里的时候都会减速，而疲惫的乘客一看到这所房子就会精神一振，非常适合用来做广告。他很快开始联系一些大公司，推荐房屋正面这道极好的"广告墙"。最后，看中这个广告媒体的是可口可乐公司，它在3年租期里，付给了年轻人18万元租金。

人生就是一场冒险旅程，认准了机会，就应该好好努力、放手云做，在这条充满艰辛坎坷的道路上每个人都应该对自己充满信心，竭尽全力去寻找属于自己的宝藏，用尽全力到达旅途的终点。

英国小说家狄更斯在《双城记》中写过这样一段话"这是美好的年代，也是糟糕的年代；这是智慧的年代，也是愚昧的年代；这是信仰的年代,也是怀疑的年代;这是充满希望的春天,也是令人绝望的冬天;我们什么都有,我们什么都没有,我们全都在直奔天堂,我们全都在直奔相反的方向。"不同的人对同一时代的人或事会有不同的看法,你是什么样的人它就会是什么样的时代,如果不想平淡无奇地过完属于自己的年代,如果想在属于自己的年代上创造点属于自己的奇迹,如果不想死后就被人遗忘,那么在你认准了一件值得做的事情后就放手去做,努力奋斗,以创造出一片属于自己的天空。持之以恒地奋斗自己的事业

在荷兰代尔夫特市有一个初中刚毕业的年轻人,在小镇上找到一份替镇政府看门的工作。他一直守着这份工作坚持了60多年,没有再换过,也没有离开过这个小镇。

因看门工作较为轻松,时间宽裕,并且还能接触到许多不同的人。一次偶然的机会,他从一个朋友那得知阿姆斯特丹市有很多眼镜店,不仅磨制镜片,还磨制放大镜,并对他说:"用放大镜,能够将看不清的小东西放大,从而让你看得清清楚楚,奇妙极了。"年轻人对此产生了浓厚的兴趣。由于放大镜价格昂贵,而磨制放大镜的方法又不神秘,所以年轻人决定自己动手来磨制放大镜,这样既能打发时间又满足了自己的兴趣。

他专注、细致的开始磨制放大镜,这一磨就是60年,锲而不舍。年轻人的坚持不懈,使得自己的技术越来越纯熟,甚至超过了专业技师,他所磨出的复合镜片的放大倍数比其他人的都要高。年轻人借着自己研磨的镜片,发现了当时科技还不知道的另一个丰富多彩的世界——微生物世界。之后,年轻人声名大振,虽然他只有初中文化,但却因此被授予了巴黎科学院院士的头衔。而俄国的彼得大帝、英国女王也曾慕名到小镇拜访过他。

创造这个奇迹的年轻人,即科学史上鼎鼎大名的荷兰科学家列文虎克。他踏踏实实地将手中的每一片玻璃磨好,将毕生的心血用于每个平淡无奇细节的完善,最终迎来了生命中的曙光,也为科学界带来了更为广阔的前景。

人类几乎所有的成功,都是持之以恒的结果;人类几乎所有的创造,

都是持之以恒的作用；人类几乎所有的竞技，都是持之以恒的较量。一花一世界，一叶一菩提，你若能执着地将手中的小事情做到完美境界，相信成功离你也不远了。

荀子在《劝学》中系统阐述了正确的学习态度与方法，即要循序渐进，不断积累，并持之以恒。持之以恒不但是一种正确的学习态度，而且是一种可贵的精神品质。虽然持之以恒作为道理而言，算不上高深的学问，但若作为一种行为，则可称得上是最可贵的境界，也可说是最要紧的学问，因为这世上的难事多难在持之以恒地付诸行动。三分钟热度谁都能持有，而有始无终却又是许多人的通病。

占人说"人之学也，或失则多，或失则寡，或失则易，或失则止"，最易发生的是"止"，而一场坚持若是易不当易、止不当止，则会前功尽弃，最终一事无成。

心灵悄悄话

　　可以说"坚持"是世上最宝贵的精神之一，也是世上最难做到的事情。也正因为宝贵，"坚持"才充满难度，也正因为困难，才更显其珍贵。

第一篇　奋斗的人生，没有什么不可以

第二篇

踩着目标上路

如果一个人没有明确的目标，以及为实现这一明确的目标而制订的计划，不管他如何努力工作，都会像失去方向舵的轮船。

因此做事必先树目标，只要有了目标，努力便有了方向，亦会集中精力，所想和所做也能相吻合，避免做无用功。

为了实现目标，也就能始终处于一种主动求发展的竞技状态，充分发挥主观能动作用，能精神饱满地投入到学习和工作中去，而且能够为达到目标有所放弃，一心想学，因此，能够尽快地实现优势积累。

双脚踩在目标上

有些目标，虽然它们可能永远都无法实现，但至少，它们可以让我们那颗异常空虚的心充实一点，让我们找到活着的理由。

对于一艘没有方向的船来说，来自任何方向的风都是逆风。人生也是如此，没有方向，没有目标，没有人生的着力点，我们将自己的这双脚立于何处呢？

在一片茂密的非洲原始丛林里，四个瘦得皮包骨的男子扛着一只沉重的箱子，在荆棘遍地的丛林里跟跟跄跄地往前走着。不远处，不时传来大猩猩的啼叫声以及狮子的怒吼声。头顶上，不时有水滴从宽大的叶片上滴落，打湿了他们的头发和衣服。

这满身泥泞的四个人是巴里、麦克、约翰和吉姆，他们是跟随队长马克进入丛林探险的。马克曾答应给他们优厚的工资，但是在任务即将完成的时候，他却不幸染上了疟疾而长眠在丛林中。

他们肩上的这只箱子，是马克临死前亲手制作的。当时，他用手抚摸着这个箱子对他的四个队员说："胜利的那一刻，我是没办法看到了。但我还有你们，兄弟们，你们要向我保证，一步也不离开这只箱子！"

看到四个人默默地点了点头，马克继续说道："如果你们能成功地将这只箱子送到我的朋友麦克唐纳教授手里，你们将分得比金子还要贵重的东西。记住我的这句话，兄弟们！我想……我想你们是不会让我失望的。我……我也向你们保证，如果你们完成了这个任务，那超出你们想象的报酬，你们一定能……能得到……"

虽然几个人已经走到了绝望的边缘，但肩上的这只箱子是实在的，每当看到它，想起队长的遗言，他们似乎又看到了模糊的希望。以至于，虽然是他们在扛着这只箱子往前走，实际上，却是这只箱子在支撑着他们疲惫不堪的身躯！无法想象，没有了这只箱子，他们是不是会在这一刻就全部倒下、再也爬不起来……

他们互相监视着，不准任何人单独动这只箱子一下。

这一天，绿色的屏障突然拉开，他们看到了一片辽阔的原野，金黄的太阳暖暖地照在头顶，微凉的风缓缓地拂过身体——他们走出了丛林！

他们顺着原野中的小路望去，不远处有一个两层的小木屋，看那木屋的样子，不用说，一定是队长所说的麦克唐纳教授的住所了。

进到了小屋里，四个人顾不得喝水、歇脚，马上迫不及待地问起应得的报酬。教授似乎一时没听懂，无可奈何地把手一摊："我一无所有啊！噢，或许箱子里有什么宝贝吧。"于是当着四个人的面，教授缓缓打开了那只神秘的箱子，大家一看，都傻了眼——满满一箱子没用的湿木头。

"我的老天！这开的是什么玩笑？"约翰拿起一根木头说道。

"屁钱都不值，我早就看出马克那家伙有神经病！"吉姆吼道。

"比金子还贵重的报酬在哪里？我们都上当了！"麦克愤怒地跺着脚。

此刻，只有巴里一声不吭，他摸着这堆湿木头，想起了他们刚走出的密林里到处是一堆堆探险者的白骨，他想起了如果没有这只时刻带给他们希望的箱子，他们四个人或许早就倒下了。

巴里站起来，静静对他的伙伴们说道："你们不要再抱怨了。我们得到了比金子还贵重的东西，那就是生命！"

马克是个智者，作为队长，他是很合格、很有责任心的。从表面上看，他给予队员们的只是一个谎言、一堆木头。而实际上，他给了他们绝境中最重要的东西——行动的目标。

人类不同于一般动物之处，就是我们有智慧、会思考。我们不能像动

物那样浑浑噩噩、完全凭借本能去生活,人活着,必须要有为之不懈奋斗的目标——无论那目标是什么,目标如慧目,行动如良足。

有了目标,就有了一双能够雾里看花、穿云射日的慧目。其实要真正采摘到那朵梦想中的彼岸之花,就一定要跋山涉水、翻山越岭,一步步走过由此岸到彼岸的路途,心中的梦想,才不会成为痴心妄想。

我们都知道现任新东方学校校长,在英语培训、留学教育领域声名赫赫的俞洪敏。他之所以能取得今日之成就,可以说,这都是从昔日苦难、失败中走出来的。俞洪敏说:

"小时候,我父亲做的一件事到今天还让我记忆犹新。我父亲是个木工,常帮别人盖房子,每次盖完房子,他都会把别人废弃不要的碎砖乱瓦捡回来,有时候是一块两块,有时候是三块五块,没有比这再多的。有时候在路上走,看见路边有砖头、石块什么的,他也会捡起来放在篮子里带回家。

"久而久之,我家院子里多出了一个乱七八糟的砖头碎瓦堆。那时候,我一直搞不清这一堆破破烂烂的东西到底有什么用处,只觉得本来就小的院子被父亲弄得没有了回旋的余地。

"直到有一天,父亲在院子一角的小空地上开始左右测量、开沟挖槽和泥砌墙,用那堆乱砖左拼右凑。一时间,一间四四方方的小房子居然拔地而起,干净漂亮,和院子形成了一个和谐的整体。

"父亲把本来露天放养、到处乱跑的猪和羊赶进这所小房子里,再把院子打扫干净,我家就有了全村人都羡慕的院子和猪舍。当时,我只是觉得父亲很了不起,一个人就盖了一间房子,然后就继续和其他小朋友一起,贫困但不失快乐地过我的农村生活。

"等到长大以后,我才逐渐发现父亲做的这件事给我带来的深刻影响。从一块砖头到一堆砖头,最后变成一间小房子,父亲向我阐释了做成任何一件事的全部奥秘:

"一块砖没有什么用,一堆砖也没有什么用,如果你心中没有一个造房子的梦想,拥有天下所有的砖头也是一堆废物。但如果只有造房子的梦想,而没有砖头,梦想也没法实现。

"当时我家穷得几乎连吃饭都成问题,自然没钱去买砖,但父亲没有放弃,他日复一日捡砖头碎瓦,终于有一天有了足够的砖头来造心中的房子。后来的日子里,这件事体现的精神一直激励着我,也成了我做事的指导思想。在我做事的时候,我一般都会问自己两个问题:

"一是做这件事的目标是什么,因为盲目做事情就像捡了一堆砖头而不知道干什么一样,会浪费自己的生命;

"第二个问题是需要多少努力才能够把这件事做成,也就是需要捡多少砖头才能把房子造好,之后就要有足够的耐心,因为砖头不是一天就能捡够的。

"我生命中的三件事证明了这一思路的好处:

"第一件是我的高考,目标明确:要上大学。第一第二年我都没考上,我的砖头没有捡够,第三年我继续拼命捡砖头,终于进了北大。

"第二件是我背单词,目标明确:成为中国最好的英语词汇老师之一。于是我开始一个一个单词背,在背过的单词不断遗忘的痛苦中,父亲弯腰捡砖头的形象总会浮现在我眼前。最后,我终于背下了两三万个单词,成了一名不错的词汇老师。

"第三件事是我做新东方,目标明确:要做成中国最好的英语培训机构之一。然后我就开始给学生上课,平均每天给学生上 6 - 10 个小时的课,很多老师倒下了或放弃了。我没有放弃,十几年如一日地这么一步一步地走过来了。每上一次课,我就感觉多捡了一块砖头,然后梦想着把新东方这栋房子建起来、建大、建漂亮。到今天为止,我还在努力着,并且已经看到了这座房子能够建好的希望。

"回想自己走过的这些年,无论坎坷还是坦途,我感觉在我的生活中,最让人感动的日子就是那些一心一意为了一个目标而努力奋斗的日子。哪怕是为了一个卑微的目标而奋斗,也是值得我骄傲的,因为无数卑微的目标积累起来,可能就是一个伟大的成就。"

金字塔也是由一块块石头累积而成的,每一块石头都是很简单的,而

金字塔却是宏伟而永恒的。但如果我们把金字塔拆开了,剩下的,只不过是一堆散乱的石头。

我们的生活也是这样,日子如果过得没有目标,就只是散乱的岁月。但如果我们把一种努力凝聚到每一日去实现一个梦想,散乱的岁月就积成了生命的永恒。

不是有这样一句话吗,一心向着自己目标前进的人,全世界都会为你让路。我感觉说得很有道理。当然,光有目标和奋斗精神是不够的,还需要脚踏实地一步一步去实现目标。要先分析自己的现状,分析自己现在处于什么位置,以及最后想达到什么位置;分析自己到底具备什么样的能力,从自己的优势上下手,这也是一种科学精神。

你给自己定了目标,还要知道怎么样去一步一步地实现这个目标。从某种意义上说,树立具体目标和脚踏实地地去做同等重要。我们人生的奋斗目标不要太大,认准了一件事,集中火力、投入兴趣跟热情坚持去做,你就会成功。

当然,这个"成功"并不是说一定是那个既定目标的达成或拥有你所渴望的金钱、地位,获得这个社会的认可。而是说无论我们心中的那个目标实现与否,无论这个社会承认我们的价值与否,在我们为了心中的目标而奋力拼搏的时候,这已经是一种成功了。

心灵悄悄话

没有愿望,人生就没有动力;没有方向和目标,动力就无所释放;没有目标的实现,我们就永远体会不到成功的喜悦。目标就是方向,有了目标,我们才会知道自己要到哪里去,我们漫漫人生路才不会走错。

第二篇 踩着目标上路

31

明确的目标是成功的动力

美国一个研究成功学的机构曾长期跟踪 100 个年轻人,直至他们 65 岁为止。研究结果发现在这 100 个人中,很富有的只有一个人,有经济保障的只有 5 个人,而剩下的 94 人则情况不太好,可算作失败者。这 94 个人之所以晚年拮据,主要是因为年轻时没有设定清晰的人生目标,而不是因为年轻时不够努力。可见,明确的目标是成功的动力,不管是在工作还是生活中都非常重要。

曾经有位父亲带着三个孩子去沙漠猎杀骆驼。在他们到达目的地时,父亲问老大:"在这里你看到了什么?"老大回答说:"我看到了猎枪、骆驼,以及一望无垠的沙漠。"父亲摇摇头说:"不对。"他将同样的问题问老二。老二回答说:"我看到了爸爸、大哥、弟弟、猎枪和沙子。"父亲又摇摇头说:"不对。"父亲接着又把同一个问题问老三。老三回答说:"我只看到了骆驼。"父亲高兴地说:"你答对了。"

父亲带孩子去沙漠猎杀骆驼,他们的目的是猎杀骆驼,所以骆驼才是他们明确的目标,而其他一切都不重要,因为它们都只是配角。要想制定的目标产生预期的效果,关键就在于明确目标。成功的目标,一定是明确的。进一步说,目标需要量化、具体化。对于企业来说,一个阶段的战略目标必须是明确的、具体的;对于一支团队而言,行动目标必须也是明确、具体的,这样全体成员才能够明确下一步前进的方向,也只有这样才会对全体成员产生巨大的激励作用。而对于个人来说,只有明确了目标,才知道怎样制定发展方向,怎样走好下一步。有了具体、明确的目标,无论具体至哪一阶段,无论在实现目标的过程中遇到怎样的意外问题或情况,都

可以保证企业、团队成员或是个人始终朝着既定的目标前进。

　　有上进心、有追求、有理想的人的奋斗目标都很明确,他知道自己活着是为了什么。因此从整体上来说他所有的努力,都能围绕一个较为长远的目标进行,他懂得自己怎样做是正确的、有用的,不然就是做了无用功,或浪费了生命与时间。由此可以看出,如果你没有一个明确的奋斗目标,你付出再多的努力也可能是白费,可能你忙活了一辈子到最后什么也没有得到。可以说明确的目标是成功的动力,更是成功的保证。

　　有杰出表现的人都是循着一条不变的途径而抵达成功的,闻名世界的潜能激发大师——美国的安东尼·罗宾先生将这条途径称为"必定成功公式",这条公式的第一步是要知道你所追求的,即要有明确的目标;第二步是要知道该怎么去做,不然你只是在做结构,应立刻采取最有可能达到目标的做法。

心灵悄悄话

　　成功的道路是目标铺成的,没有明确目标的人犹如行驶在大海中失去方向的船只,跌跌撞撞前途一片渺茫。

将目标进行到底就能创造奇迹

不管做什么事情，你只要迈出了第一步，接着再脚踏实地地步步走下去，便会逐渐接近你的目的地。实现目标的过程也许会很平淡无奇，也许会充满艰辛，但不管过程如何只要你将目标进行到底就能创造一个属于自己的奇迹，让别人去欣赏。

有这样一则让人难忘的真实事例，事例的丰人公足一个在旧金山贫民区长大的小男孩，由于从小营养不良而患上了软骨症，在6岁时他的双腿变成了"弓"字形，小腿严重萎缩。但在他幼小的心中一直藏着一个除了他自己，几乎没有人相信会实现的梦想——他要成为美式橄榄球的全能球员。

小男孩是传奇人物吉姆·布朗的球迷，每次吉姆所在的克里夫兰布朗斯队与旧金山四九人队在旧金山比赛时，他就会不顾双腿不便，而一跛一跛地走到球场去给自己心中的偶像加油。家庭的贫困使他买不起票，他只能等到全场比赛快结束工作人员打开大门时溜进去，以欣赏剩下的最后几分钟。

在小男孩13岁时，终于有一次与心中偶像面对面接触的机会，那是在布朗斯队和四九人队比赛后在一家冰激凌店里，这是他多年来所期望的一刻。男孩大大方方地走到这位大明星面前说道："布朗先生，我是你最忠实的球迷！"

吉姆·布朗十分和气地向他说了声"谢谢"。这个男孩又接着说："布朗先牛，你晓得一件事吗？"

吉姆转过头来问："小朋友,请问是什么事呢?"

小男孩镇定自若地说："我记得你所创下的每一项纪录、每一次的布阵。"

占姆·布朗非常开心地笑了,然后说："真不简单。"

此时,小男孩挺了挺胸膛,眼里闪烁着光芒,他充满自信地说："布朗先生,有一天我要打破你所创下的每项纪录!"

这位美式橄榄球明星听完小男孩的话后,微笑着对他说："好大的口气呀。孩子,你叫什么名字?"

小男孩得意地笑了,说："布朗先生,我的名字叫奥伦索·辛浦森,大家都管我小 O.J.。"

打破吉姆·布朗所创下的每项记录是奥伦索·辛浦森从小就定下的目标,他一直在为这个目标努力奋斗着,后来就如他少年时说过的,他在美式橄榄球场上打破了吉姆·布朗所有的纪录,同时还创下了一些新纪录。奥伦索·辛浦森的坚持创造了奇迹,那是别人想都不敢想的奇迹。

1984 年,在东京国际马拉松邀请赛中,名不见经传的日本选手山田本一出人意外地夺得了世界冠军。当记者问他凭什么取得如此惊人的成绩时,他说了这么一句话:凭智慧战胜对手。

当时许多人都认为这个偶然跑到前面的矮个子选手是在故弄玄虚。马拉松赛是体力和耐力的运动,只要身体素质好又有耐性就有望夺冠,爆发力和速度都还在其次,说用智慧取胜确实有点勉强。

两年后,意大利国际马拉松邀请赛在意大利北部城市米兰举行,山田本一代表日本参加比赛。这一次,他又获得了世界冠军。记者又请他谈经验。

山田本一性情木讷,不善言谈,回答的仍是上次那句话:用智慧战胜对手。这回记者在报纸上没再挖苦他,但对他所谓的智慧迷惑不解。

10 年后,这个谜终于被解开了,他在他的自传中是这么说的:每次比赛之前,我都要乘车把比赛的线路仔细地看一遍,并把沿途比较醒目的标志画下来,比如第一个标志是银行;第二个标志是一棵大树;第三个标志是一座红房子……这样一直画到赛程的终点。比赛开始后，我就以百米的速度奋力地向第一个目标冲去，等到达第一个目标后，我又以同样的速度向第二个目标冲去。40多公里的赛程，就被我分解成这么几个小目标轻松地跑完了。起初，我并不懂这样的道理，我把我的目标定在40多公里外终点线上的那面旗帜上，结果我跑到十几公里时就疲惫不堪了，我被前面那段遥远的路程给吓倒了。

在山田本一的自传中，发现这段话的时候，"我正在读法国作家普鲁斯特的《追忆似水流年》，这部作者花了16年写成的7卷本巨著，有很多次让我望而却步，要不是山田本一给我的启示，这部书可能还会像一座山一样横在我的眼前，现在它已被我踏平了。"

心灵悄悄话

在现实中，我们做事之所以会半途而废，这其中的原因，往往不是因为难度较大，而是觉得成功离我们较远，确切地说，我们不是因为失败而放弃，而是因为倦怠而失败。

养成专注的好习惯

把自己心智和身体的能量锲而不舍地运用到同一个问题上且不生厌倦情绪的能力是成功的第一要素。作者西奥多·瑞瑟在爱迪生的实验室外,耐心等待 3 个星期后,终于访问到了这位著名的发明家。他们之间进行了一些对话。

瑞瑟:"成功的第一要素是什么?"

爱迪生:"能够将你身体与心智的能量锲而不舍地运用在同一个问题上而不会厌倦的能力,你整天都在做事,不是吗? 每个人都是。假如你早上 7 点起床,晚上 11 点睡觉,你做事就花了整整 16 个小时。对大多数人而言,他们肯定是一直在做一些事,唯一的问题是,他们做很多很多事,而我只做一件。假如你们将这些时间运用在一个方向、一个目的上,肯定会成功。"这就是爱迪生给出的成功要素的答案,简单明了却又充满智慧。

另外,我们还可以从表演艺术中学到宝贵的经验:最好的演员可以融入其中,他们都会十分专心地听,即便已经把台词背得滚瓜烂熟,他们依然会对接下去所说的台词有全新的感觉。而事实上,两个演员出演一幕戏时可以说只有一句唯一的重要台词。这是因为只有第一句台词能显出他们的表演功力,后面的每句台词都只是针对其他演员所为或所说而做出的反应。

就像那些成功的演员一样,我们可以去学着融入当中。融入当中就要求我们要集中注意力，而集中注意力需要有两个要素：第一是目标，以注意正在发送的事情；第二是密集度，由于将所有的力量都集中在单一的事件上，从而也就有了密集度。

拿破仑·希尔曾经问过著名的马戏表演者冈瑟·格贝尔·威廉斯先生给过继承他事业并成为驯兽师的儿子怎样的建议，他回答说："我告诉他要在场。"拿破仑·希尔当时不确定他的意思是什么，认为可能是一个父亲告诉儿子一定要出场表演，就像他自己曾经连续表演一万场次一样；但事实上他另有用意。这位世界知名的驯兽师解释道："当他在马戏场中与狮子、老虎、豹在一起时，他绝对不能心不在焉，他的心一定要在马戏场里。"的确，当你身处马戏场，并且身边环绕着危险动物时，心不在焉是件非常危险的事。而实际上，心不在焉对任何事情都可能造成灾害。

专注是成功的第一要素，就如学生上课若不专注必定学无所成，员工若不专注工作必定不能很好地完成工作，而一个人若想成功，却没有专注的好习惯必定很难成功。所以，不管是谁从现在开始都应该养成专注的好习惯。

心灵悄悄话

> 大部分人不是略微落后就是略微超前，而从来没有准确地活在当下。他们在跟别人谈话时，可能会同时在回想刚才别人说的话、自己说的话，或是正要想说的话，甚至可能还会想一些完全不相干的事情。

凡事专注定能到达成功

"常常认为自己是被注意的中心,但事实上并非如此",这是大部分人的通病,当我们穿了一件新衣服或是戴了一顶新帽子后,总认为他人都在注视自己。事实上,这都是自己的一种臆想,其他人可能也正以为自己受到了他人的注视。倘若他人真的在注意我们,则有可能是由于我们的自我感觉使得我们表现出一种可笑的态度,而不是因为衣服。

有这样一个故事,在很多年前的一个晚上芝加哥城里举行了一场聚会,聚会上一大群人在围观一对看热闹的老夫妇。这对老夫妇的样子很怪,他们穿着几十年前的做客服装。好奇的群众注视着他们的一举一动,并以此引以为乐。而这对老夫妇似乎完全不在意,也不觉得自己被众人注视。他们只顾自己,观赏着街上的灯光、橱窗内陈列的货品、倾听城市的喧嚣、观望拥挤的人群……街市繁华的景象吸引着他们,他们丝毫没有注意到自己。但他们的举止以及乡土模样却引起了别人的注意,从而变为众矢之的。

而相同的原因也能够运用在很多其他情形上。某人倘若非常专心于自己的工作,你不会让他感觉不安,因为他甚至感觉不到有人在身旁。如果有人在看着你工作,你会觉得不安,唯一解决的方法是专心去做事,不要勉强克制自己的不安。假如你知道自己做得很好,在大家看你时就不会感到不安;引起这种不安的原因是你害怕工作没有做好,害怕弄出错误,害怕他人看出你的想法,从而使你的声音战栗、脸红手颤。然而,你越害怕就会越发显露出这些弱点来。

一次，一群中学生想戏弄一个女孩子，因为他们知道她的自我感觉最为敏锐。那天女孩在礼堂里弹琴，中学生们故意坐在女孩可以看见他们的一边，并注视着她。他们不说话、不笑，也不办怪相，只是专心地注视着她。而女孩由于自我感觉极其敏锐，没一会儿她就感受到他们在注视自己，于是她开始心神不安、脸红，最后只得停止弹琴，中途退出礼堂。这群中学生深知女孩注意自己比注意音乐更在意，而这也是他们知道用注视的方法能够扰乱她的原因。女孩如果有那对进城看热闹老夫妇一半的专心，就不会觉得那些学生在注视她。

许多人在进入一家公司或是一个行业时，可能都是匆忙之间做的选择；又常常在做一件事情的同时想着其他更多的事情，他们将大多数的时间用在了选择、遐想、探索与尝试中，他们因此没有办法集中资源和精力将眼前该做的事情做好。他们最后会发现，在多年后依然一事无成。当初与他在同一起点的人，在某个领域已成为有用之才甚至是专家。此时他们不得不承认，社会将他们远远地抛在了后面。其实，世界上并没有绝对的笨人与聪明人，产生这么大区别的原因是失败者永远无法集中精力做一件事情，而成功者拥有号注的精神。

成功者知道，如今社会分工越来越细，几乎没有人能够做到样样精、行行通。而要想有所建树，就要懂得专注于一行一职。将自己所有的时间、精力以及一切能够调动的资源，全部投入到自己所选择的事业中，从而创造尽可能大的成绩。有些人总是左顾右盼、一心多用，目标分散、想法太多，由于不专注，也就无法凝聚精力，也就不太可能在本职工作中取得成绩了。由于缺少成绩，就会在竞争中落后，并且一输再输，最后就只会被淘汰出局。

下面列举一些名人因专注而成功的例子。

"百度"是全球最大的中文搜索引擎，有记者在 2006 年的博鳌亚洲论坛年会上问其创始人与当家人李彦宏成功的秘诀，而他的回答只有两个字，即"专注"。

丁肇中先生是世界著名的物理学家，他在 40 岁时就获得了诺贝尔物理学奖。他曾说："与物理无关的事情我从来不参与。"

比尔·盖茨曾是世界首富，凭他的智慧与财力，他能做的事情实在太多了。但 20 多年来他与他所创办的微软公司始终只专注于软件产品和软件技术的研发和事业推广。因此，比尔·盖茨一直稳坐世界首富的位子，而微软则一直是世界上最成功的企业。他于 2008 年 6 月 27 日正式退出微软日常运营，专注于慈善事业。许多人都评价说："盖茨对慈善事业与他当初对计算机一样专注，他必定会成为世界上最伟大的慈善家。"

被尊称为股神的巴菲特，从 11 岁买第一只股票开始，就一直坚持而不曾改变，不管股市是牛市还是熊市他都不曾动摇；他对股票的关注，注定他要做一辈子的投资大师。

心灵悄悄话

不管是中国人还是外国人，不管是企业家还是科学家，不管是企业还是个人，他们的成功都有一个共同点，那就是专注，所以说做事专注定能达到成功。

专心致志，把事情做到最好

弈秋是春秋时期鲁国人，因其棋术高明，许多年轻人都想拜他为师。弈秋当时收下了两名学生。一名学生大概只是慕名而来，并非十分喜欢下棋，虽是拜在门下，但却未下功夫学习，弈秋在讲课时心不在焉；而另一名学生则专心致志的学习，听先生讲课从来不敢怠慢。两名学生同拜一师，同是在学棋的学生，前者因心不在焉未能领悟棋艺，而后者则学有所成。

学棋需要专心，而下棋也需要，即便是弈秋这样的棋坛大师偶尔分心也不行。

有一天，一位吹笙的人从正在下棋的弈秋旁边路过，飘飘忽忽地悠悠笙乐如从云中撒下，弈秋侧身倾心聆听一时走了神。此刻，正是决定胜负之时，笙忽然停住了。吹笙的人停下向弈秋请教围棋知识，而此时的弈秋竟不知如何对答。并非弈秋不懂围棋奥秘，而是此刻他的注意力不在围棋之上。

不管是普通人还是有为之上，不管是普通的事还是重要决定，都需要专心致志。只有专心致志才能将事情做到最好。不专注便不能适应生活，生活要求人们专注，人们的头脑也就必须专注。

拿破仑·希尔概括专心具有以下优点：

专心能构成一股无法抗拒的力量。

专心会打开通往荣誉之门。

专心会打开通往财富之门。

专心还能打开通往教育之门，让你进入所有潜在能力的宝库。

专心还会打开通往健康之门。

在专心这把"神奇钥匙"的协助下，人类已经打开了许多通往世界各处的伟大发明秘密之门。而所有以往伟大的天才，均是经由它的神奇力量发展而来的。摩根、哈里曼、洛克菲勒和卡耐基等人均是在运用了该神奇力量后，成了大富翁。

一位拿破仑·希尔的朋友发现自己患了人们常说的"健忘症"，他开始记不住很多事情，并且变得心不在焉。接下来引用他自己的话，来让你明白他是怎样克服这项障碍的。

"我已50岁，近10年来，一直在一家大工厂担任部门经理。刚开始时我的职务很轻松。但随着公司业务的迅速扩大，我也增加了一些额外的责任；而我那个部门的几个年轻人已经表现出不寻常的能力和精力——他们之中至少有一个企图获得我的职位。"

"到了我这个年龄的人大都想过一种舒适的生活，而且我已经在这家公司服务了很长时间。因而，我认为自己大可轻轻松松地工作，安安心心地在公司里待下去。然而就是这种心理态度几乎让我失掉职位。大概是在两年前，我开始注意到自己专心工作的能力已经衰退。我的工作已经变得让我心烦，我经常忘记处理信件，直到信件在桌上堆积如山，让我看了大吃一惊。我还积压了各种报告这让我的部属大感不便。虽然我人在办公桌前，但脑海里却想着其他的事情。"

"而一些其他情形也显示出我并未将心思放在工作上，如我忘记参加公司一个重要的主管会议；后来有一次，我手下的职员发现我在估计货物时犯了一个非常严重的错误，当然他也设法让总经理知道了这件事情。"

"我对这种情形感到惊讶万分。于是，我请了一个星期的假，希望好好想想这到底是怎么回事。我跑到一个偏远山区的度假别墅里认真严肃地反省了几天，然后得出自己患了健忘症，对此我深信不疑。我缺乏专心工作的力量，我在办公室中的活动变得漫无目的。我做事粗心大意、懒懒散散、漫不经心，这都是由于我未将思想放在工作上。在我满意地诊断出自己的毛病后，便开始寻求补救之道。我急需培养出一种全新的工作习惯，而我决心要达到这个目标。"

"于是，我开始在纸张上写下一天的工作计划。先处理早上的信件，再填写表格、口授信件、召集部属开会以及处理各项工作。而在每天下班之前，要先将办公室收拾干净，再离开办公室。"

"我问自己：该怎样培养这些习惯？得到的答案是：重复这些工作。而在我内心深处另一个声音提出抗议：但这些事情我已经做过几千次了。我心中的声音回答说：不错，但你并没有专心从事这些工作。我回去上班后，就立刻将新工作计划付诸实际行动。每天我以相同的兴趣从事同样的工作，并尽量在每天的同一时间内进行相同的工作。每当我发现自己的思想又开始想到别处时，我会立刻将它叫回来。"

"我利用自己的意志力创造出了一种心里的刺激力量，使我在培养习惯方面不断获得进步。后来我发现，虽然我每天都做相同的事情，但却感到很愉快，此时我明白自己已经成功了。"

拿破仑·希尔的朋友工作心不在焉，常出错是因为区分专心工作的力量，当他意识到这一点时，便开始改正，让自己能够专心工作。因而，他也重新变得高兴、愉快起来。

专心本身没有什么神奇的，只是控制注意力而已。拿破仑·希尔深信："只要一个人集中注意力，就可以调整自己的思想，让它能够接受空间里所有的思想波。如此，整个世界便将都成为一本公开的书籍，任你阅读。"专心致志的人，更容易将事情做到最好。

心灵悄悄话

"专心"即将意识集中至某一特定欲望上的行为，并且需要一直集中直到找到实现该欲望的方法，并能成功地将其付诸实际行动为止，而集中注意力能够调整思想。

复杂事情简单做，简单事情认真做

一家公司里贴着这样一条标语："复杂的事情简单做，简单的事情认真做"，也许很多人会对这条标语不以为然，但若仔细琢磨，你会发现其实这条标语充满了哲理，也富有智慧。

我们提倡将复杂事情简单做，并非提倡将问题往简单方面去想却不去考虑事物本质的复杂性。

任何事物，无论复杂到何种程度总会有规律可循的，也总会有要害可抓的，对复杂事物通过认真分析研究足能够找到其规律特点与要害的。就像农民找到了牛的特点与要害，才能将牛稳稳当当的牵在手里。

1959 年 9 月，全国人大常委会决定特赦一批解放战争时期被俘的国民党高级将领，杜聿明也在其中。杜聿明是国民党高级将领，在蒋介石嫡系中可以算得上是个佼佼者。但他也和其他国民党高级将领一样，被解放军打败了，他一直想不明白为何自己与同僚会兵败淮海，所以他非常想知道解放军在淮海战役时的作战部署到底有多庞大、多复杂。终于在一次参加周恩来举行的接见会上时，杜聿明就此向周恩来请教。周恩来回答说："我们淮海战役的总前委就靠一张地图 9 个字部署了这场战役，这9 个字是'吃一个、夹一个、看一个'。"听后杜聿明讶异了半天，然后说出"佩服"二字，并感叹道："我不得不服了！"这是杜聿明发自内心的佩服与敬仰。

一场大战仅用一张地图 9 个字来部署，显然是一个典型的复杂事情简单做的例子。事实上，复杂的事情简单做是一种事半功倍、以小博大的工作方法，是讲究时效与实际的作风。它可以用最小的代价获得最好、最

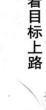

大的效果。我们在工作中,应该倡导这种工作方法。

哥伦布靠着最简单的方法发现了新大陆,这也是将复杂的事情简单做。有时把复杂的事情想得太过复杂反而做不好,而将复杂的事情简单做却可能收到意想不到的结果。

复杂的事情应该简单做,而对于简单的事情则要精细做。有些人看事情比较简单通常会不屑于去做或是草草了事,这样常常会将事情搞砸。

刚从帕多瓦大学毕业的安德莱·卡尔与两个同学一同到米兰市的一家大公司应聘,遗憾的是除3个清洁工岗位外,其他岗位都已招满了人。他们为不错过进入这家大公司的机会,一致决定先进去做一名清洁工。开始正式工作后,每天除了拖地、擦窗就是倒垃圾,很快他的两个同学就厌倦了这种枯燥并且毫无挑战性的工作,“不求有功,但求无过”的意识渐渐在他们的脑海中形成,并开始浑浑噩噩地度过一天又一天。

而安德莱没有像他们一样混日子,他非但没有失去工作的兴趣,反而越来越严格要求自己。每天一大早拖好地板后,他甚至会穿着他白色的工作服在地上打两个滚,用此来督促自己将地面打扫干净。他的两个同学却取笑他说:“我们是整个公司最早上班的人,你在地上打滚给谁看呢?”安德莱回答说:“我不是在表演给谁看,这是对自己的一种要求,我要将最简单的事情做得最精。”此时,突然大门外有人鼓起了掌,等来人推门进来后,大家才发现那人竟是总经理。穿着一套雪白西装的总经理,走过来后也在地上打了两个滚,站起来后看看自己的衣服,一尘不染;随后他来到另两个人负责的区域,打算躺下,那两个人急忙上前阻止说:“总经理,别……”总经理问:“为什么?”这两位同学表情尴尬地说:“我们拖地时,拖把已经很脏了,我们怕……”

“你们怕我的衣服会弄脏是吗? 事实上你们不说我也知道,对于你们的工作态度我也早就心中有数,今天我特地早起过来,就是为了来印证下自己的猜测,看来我估计的没错!”随后总经理告诫他们说:“将简单的事情做得最精,如将地板拖得可以让人在上面打滚,虽然这不会给公司带来什么直接的利益,但是这样的精神所包含的价值却是无限的。就如每

天我都要在公司巡视一下,这也是一件非常简单的工作,但却让我从中为公司物色到了一个难得的好人才。"

安德莱在几天后被提拔为部门主管,而他的同学并没有从中吸取教训,反而觉得脸上无光而辞职离开了公司。升职后的安德莱,不用再拖地打滚了,但他严格要求自己工作的习惯并没有变,他对工作中的每一个细节都非常关注,就像老总一样,努力将每件看上去简单的事情都做精做好。

安德莱一直坚持着他这种精神,若干年后他荣任这家公司的老总。他在任期的 20 年中将该公司打造成了意大利最大的邮轮公司——MSC地中海邮轮! 而他当年的两个同学,依然朝三暮四,没有长期稳定的工作,就更别谈成就与事业了。

安德莱在公司择人用人时常说:"我喜欢的人必须是一个能将简单小事做精的人,我永远不会担心他会因此而疏忽了大事,在处理大事时,他一定会做得更精更完美!"事实上,这也是他自己的一种真实写照。

心灵悄悄话

我们要倡导的是以充分的思考与敏锐的观察,将事物隐含的各种错综复杂的联系弄明白后用最科学、最简单的方法解决。

将明确的目标运用于工作

陈安之说:"不管做什么事,一定要快乐,一定要享受过程。"

美国盖洛普组织对许多优秀员工的调查结果表明:三分之二的被调查者对自己的生活和事业有明确的目标。优秀员工对自己的目标坚信不移。

奥运会男子十项全能冠军布鲁斯·詹纳曾经问过一屋子有希望拿到奥运会奖牌的选手们他们是否写过目标清单。屋里的每个人都举起了手。可接着他又问有谁随身带着那张清单,就只有一个人举起了手,那个人是丹·奥布赖恩。

在 1996 年亚特兰大奥运会上,正是丹·奥布赖恩赢得了当年的男子十项全能金牌。

一个人在行走中,心里一定要清楚自己将要去的地方、将要做的事情,才能成功地抵达目的地。因为我们有了目标,我们才会有方向,有了方向后才能一步一步去靠近目标。

这个目标就刻在我们的心中,要到的地方始终在我们的心里面,具有一种持久性,直至我们到达目的地。这种目标意识应用到生活中,会有助于我们把事情做得完整,做得成功。

不能带着一个不确定的目标前进,目标的明确会使过程坚定,含糊不清的目标只会带来含糊不清的结果。

一场战争结束后,一个农夫和一个商人在街上寻找财物。他们发现了一大堆烧焦的羊毛,两个人就各分了一半背在自己身上。

归途中,他们又发现了一些布匹。农夫将身上沉重的羊毛扔掉,选了

些自己扛得动的较好的布匹。

商人却将农夫丢下的羊毛和剩余的布匹统统捡起来背在自己身上，重负使他气喘吁吁，步履艰难。

走了不远，他们又发现了一些银质的餐具。农夫将布匹扔掉，捡了些较好的银器背上，而商人却被沉重的羊毛和布匹压得无法弯腰，难以捡取剩下的银餐具。

天降大雨，商人的羊毛和布匹都被雨水淋湿了。他饥寒交迫地走着，最后摔倒在泥泞中。而农夫却一身轻松地冒着凉爽的雨回家了。他变卖了银餐具，此后的生活颇为富足。

这个例子说明了明确的目标对于人们前进的引导性和支撑性的作用。但并不是说有了持久性的明确的目标，人就一定能成功，目标的实现更要依靠实际行动。

为实现目标而进行的努力并不都是枯燥无味的，关键在于你的心态。把工作视为游戏，工作会其乐无穷。马克·吐温认为：成功的秘诀，就是把工作视为消闲。

成功大师安东尼也是以放松的心态对待工作，他强调：始终不悖的信念系统具有相乘的效果，即积极的信念能强化积极的信念。把游戏时的好奇心及活力带到工作里去，就能快乐地工作，也能获得意想不到的成效。

通向目标的途中常常会有让一个人偏离目标的诱惑。不过，如果你有明确的目标方向，你就不会误入歧途，也能更快地到达目的地。

一家建筑公司里有甲、乙、丙三个水泥匠。有一天，看到他们正在干活，经理突然心血来潮地问他们："你们在干什么？"

甲说："砌墙。"

乙说："挣钱。"

丙说："建造世界上最有特色的建筑。"

十年之后，甲手艺毫无长进，被老板炒了鱿鱼；乙勉强保住了自己的饭碗，但只是普普通通的泥水匠；丙却成了著名的建筑师。

奋斗——沉舟侧畔千帆过

从甲和乙回答问题的答案就可以看出，他们只顾眼前的利益，对于未来并没有一个明确的目标。甲对待工作毫无感情；乙呢，只是把工作当作一种谋生手段；而丙呢，不仅热爱自己的工作而且充满激情，并且朝着这个目标不懈努力。

心灵悄悄话

　　用明确的目标激励我们不断努力，不断超越自我，朝着自己心中的目标坚定不移地努力拼搏，全力以赴，努力地想自己的目标靠近，让自己的人生不断地取得成功。

50

第三篇

风雨中的我们更加美丽

光明使我们看见许多东西，但假如没有黑夜，我们便看不到天上闪亮的星辰。

因此，即便是曾经一度使我们难以承受的痛苦磨难，也不会是完全没有价值的，它可以使我们的意志更坚定、思想更成熟。

假如我们转身面向阳光，就不可能陷身在阴影里。

因此面对苦难，我们要做一根坚强的木头，把心中的痛苦枪毙，把苦难当做试金石，使我们在磨难之中升华，在磨练之后获得成功。

做一根"坚强的木头"

柏拉图也曾说:"对一个小孩最残酷的待遇,就是让他'心想事成'。"凡是"心想事成的小孩,一直在父母的保护伞下成长,他要什么就有什么,一直享受心想事成的果实。当有一天,长辈的保护伞不再能够"遮风避雨",他们再也不能事事"心想事成"了。

木头也可以"坚强"吗? 当然可以,看看下面这个故事,你就知道它是怎样"坚强起来"的了。

高中毕业后,他着父亲做起了木匠。由于没有考上大学,他情绪十分低落,感到前途渺茫。

一天,他刨木板,刨子在一个木节处被卡住,再使劲也刨不动它。

"这木节怎么这么硬?"他由自言自语了一句。

"因为它受过伤。"一旁的父亲插了一句。

"受过伤?"他不明白父亲话里的含义。

"这些木节,都曾是树受过伤的部位,结疤之后,它们往往变得最硬。"父亲说,"人也一样,只有受过伤后,才会变得坚强起来。"

"只有受过伤后,才会变得坚强起来。"父亲的这句话在他心头一亮,他好像抓住了什么闪光的东西。是啊,人生正是因为有了伤痛,才会在伤痛的刺激下变得清醒起来;人生正是因为有了苦难,才会在苦难的磨炼下变得坚强起来。

第二天,他放下了刨子,回到学校参加了补习班,去迎接人生的又一次挑战。因为他已经开始懂得,挫折会练就人生一双坚强的翅膀。

周国平说："痛苦是性格的催化剂,它使强者更强,弱者更弱,仁者更仁,暴者更暴,智者更智,愚者更愚。苦难可以激发生机,也可以扼杀生机;可以磨炼意志,也可以摧垮意志;可以启迪智慧,也可以蒙蔽智慧;可以高扬人格,也可以贬抑人格——这全看受苦者的素质如何。"

我们看看从古至今的英雄人物,哪一个不是经历了一番痛入骨髓、深入灵魂的磨难,最后才成就大业的。而那些娇生惯养、在温室里长大的"富二代"们,却总是难经风雨、难成大业。所以中国人常说:自古英雄多磨难,从来纨绔少伟男。

塞万提斯出生于一个贫困之家,父亲是一个跑江湖的外科医生。因为生活艰难,塞万提斯和他的七个兄弟姐妹跟随父亲到处东奔西跑,直到1566 年才定居马德里。颠沛流离的童年生活,使他仅受过中学教育。

他的父亲虽然是一个贫穷的游方郎中,但医术却不错。这位常年走南闯北的医生阅历非常丰富,深深体验到知识对一个人的重要,因此在给一些有藏书的富人看病时,都要借许多书带回家给儿子看。在少年时代就十分聪慧的塞万提斯读书之快,常让他的父亲大感惊讶。为了能让儿子读到更多的书,他再去给那些有书人家看病时就把儿子带上,他在屋里给人家看病,让儿子在门外看人家的书。

塞万提斯十三四岁时,就以读书多而闻名于他们那个小城镇。大量的阅读使塞万提斯有了创作的冲动和灵感,他慢慢开始学习写作诗歌。不久他写的诗歌就在小城镇里流传,以至于他的父亲独自一人去给人家看病时,人家就会问他:"我们的诗人今天没来吗?"

后来,塞万提斯长大了、结婚了,对于酷爱文学的他来说,卖文是他养活妻儿老小的唯一途径。他给一个又一个商人、一种又一种商品写广告、做策划,他还写过多得连他自己也记不清数目的抒情诗、讽刺诗,但所有这些,都没有引起多大反响。

他还曾经应剧院的邀请写过三四十个剧本,但上映后并未取得预想

的成功。1585 年,他出版了田园牧歌体小说《伽拉泰亚》(第一部),虽然塞万提斯自己很满意,但也未引起文坛的注意。

他终日为生活奔忙,一面著书一面在政府里当小职员,曾干过军需官、税吏,接触过农村生活,也曾被派到美洲。他不止一次被捕下狱,原因是不能缴上税款,也有的是遭受无妄之灾。在监狱里,塞万提斯广泛地了解到社会下层人的生活,接触过形形色色的人。所有这些惨痛经历,都成为他创作《堂吉诃德》的不竭源泉。

以上这两位虽然经历了一些磨难,但毕竟在生前就已经取得成功。还有一些人更加不幸。他们虽然有着绝世的才华和能力,但这些才华和能力从未被同时代的人真正欣赏过。可能由于他们的思想大大超越了所处的那个时代,这些卓绝的人,往往在活着的时候被毫无思想的庸众们唤作"疯子"。

只有经历过九死一生,才可坦然面对世事;只有经历过病魔、伤痛,才可笑看生命;只有经历过荣辱繁华,才可云淡风轻。

或许,我们应该感谢苦难,或许,待多年以后,当我们站在幸福的巅峰回首,才发觉:曾经的不幸不过是人生征程上一个条件简陋的驿站罢了,它矗立在我们前进的路上,只是为了让我们向下一站进发。

心灵悄悄话

在人类那些所有称得上伟大的人物当中,他们在有生之年的命运似乎都惊人地相似,活窘困,倒流浪。仰望着这些饱受生活屈辱却又登上了人类思想和艺术顶峰的人们,相信命运是公平的:上帝在给了你智慧的同时,也给了你磨难;而只有在磨难中,智慧才能够焕发出璀璨夺目的光彩。

人生，不能没有对手

　　一匹马如果没有另一匹马紧紧追赶并要超过它，就永远不会疾驰、飞奔。在竞争激烈的社会中，往往会涌现出一批又一批发展全面、素质强劲的对手，所谓"狭路相逢勇者胜"，对手有时就是一剂催化剂，正是由于他们，才使我们认识到自己的不足，才使我们决定破釜沉舟，混出个名堂！

　　一位动物学家研究生活在非洲大草原奥兰治河两岸的羚羊群，发现东岸羚羊的繁殖能力比西岸的强，奔跑速度也比西岸的快。对于这些差别，这位动物学家曾百思不得其解，因为这些羚羊的生存环境和属类都是相同的，饲料来源也一样，全以一种叫莺萝的牧草为主。

　　于是，这位动物学家在东西两岸各选了 10 只羚羊，分别把它们送往对岸。一年后，运到东岸的 10 只羚羊繁殖到 14 只，送到西岸的只剩下 3 只。

　　经过仔细观察，这位动物学家终于明白：东岸羚羊之所以强健，是因为在它们附近生活着一群狼，而西岸羚羊之所以弱小，是因为缺少这么一群天敌。

　　由此，动物学家得出一个结论：没有天敌的动物往往最先灭绝，有天敌的动物则会逐步繁衍壮大。道理很简单，有天敌的威胁，就必须时时警惕，并锻炼出对付天敌的本领；没有天敌的威胁，则无意中放松了自己，久而久之，生存的能力就会慢慢退化，一旦天敌降临，就无以自卫，难逃灭亡的命运。

　　俗话说："人在苦中练，刀在石上磨。"生活当中，有时也需要一个对手、一点压力、一些磨难。随着社会的发展进步，竞争将会变得更加激烈，

对手无时不在、无处不有。其实静下心来认真思考一下,就会发现:

真正让我们成熟起来的不是顺境,而是逆境;

真正让我们热爱生命的不是阳光,而是死亡;

真正促使我们奋发努力的不是优裕的条件,而是遇到的打击和挫折;

真正逼迫我们坚持到底的,不是亲人和朋友,而是对手。

因此,为了保持必要的压力和活力,为了不断取得进步,我们不仅不应该厌恶对手、憎恨对手,而应该欢迎对手、感谢对手、寻找对手。

而很多时候,所谓的强者、英雄都是被"逼出来"的——人天生就是想寻求安稳,但外界的动荡、不确定性使他们无法安稳下来,于是,他们就只有激发自己的无限潜能,去适应这种极度不安稳的生活了。

周武王以残暴的商纣为对手,才能励精图治,取而代之;越王勾践时时不忘国破家亡之恨,因而卧薪尝胆,最后打败吴王夫差,夺回了江山;刘邦因为有项羽这样强大的对手而谨小慎微,明修栈道,暗度陈仓,遂夺天下,开一代盛世……

古语有云:"生于忧患,死于安乐。"对手的出现,正是为了激发出我们生命的活力,实现我们自己的价值。对手,是命运赐予的一座高山,我们可能踌躇不前,被困在山下;也有可能被高山的"肩膀"托起来,从而看到更高、更远的风景——一切都看我们的选择。

心灵悄悄话

所谓英雄敬英雄,真正旗鼓相当、棋逢对手,也许正是人生中的一大幸事! 没有对手的英雄,往往是落寞的。

"枪毙"心中的痛苦

其实,痛苦并非必然的结果,也非必须承受。全看你用什么态度去对待。我们不能等待他人、老师、智者解决自己的痛苦,只要你愿意,你自己就可以超越它.一枪"枪毙"心中的痛苦!

有一只兀鹰猛烈地啄着一个村夫的双脚,他的靴子和袜子被撕成碎片后,它更狠狠地啃起村夫的双脚来。

这时有一位绅士经过,看见村夫如此忍受着痛苦,不禁驻足问他:"为什么要忍受兀鹰啄食呢?"

村夫答道:"我没有办法啊! 这只兀鹰刚开始袭击我的时候,我曾经试图赶走它,但是它太顽强了,几乎抓伤我的脸颊,因此我宁愿牺牲双脚。我的脚差不多被啄成碎屑了,真可怕!"

绅士说:"你只要一枪就可以结果它的性命呀!"

村夫听了,尖声叫嚷着:"真的吗? 那么你助我一臂之力好吗?"

绅士回答:"我很乐意,可是我得去拿枪,你还能支撑一会儿吗?"

在剧痛中呻吟的村夫,强忍着被撕扯的痛苦说:"无论如何,我会忍下去的。"于是绅士飞快地跑去拿枪。

但就在绅士转身的瞬间,兀鹰蓦然拔身冲起,在空中把身子向后拉得远远的,以便获得更大的冲力,然后如同一根标枪般把它的利喙掷向村夫的咽喉。村夫最终死了。

令人稍感安慰的是,兀鹰也因太过费力,淹溺在村夫的血里。

看过这个故事,有人也许会问:村夫为什么不自己去拿枪结束掉兀鹰的性命,而宁愿像傻瓜一样忍受兀鹰的袭击?

卡夫卡的寓言，并不好懂。在这里，我们可以将兀鹰看作一个比喻，它象征着萦绕我们每个人一生的内在与外在的种种磨难与痛苦。而我们任何一个人，都有可能会不知不觉得像村夫一样，沉溺于自己臆造的幻想中，痛苦得不能自拔，甚至爱上自己的痛苦——因为习惯了，所以也就懒得动了、懒得去改变什么了。

一条大的章鱼，体重可以高达 32 千克。但是，如此大的家伙，身体却非常柔软，柔软到几乎可以将自己塞进任何想去的地方。

章鱼没有脊椎，它们最喜欢做的事情，就是将自己的身体塞进海螺壳里躲起来，等到鱼虾游近，就咬断它们的头部，注入毒液，使其麻痹而死，然后美餐一顿。对于海洋中的其他生物来说，章鱼可以称得上是最可怕的杀手之一。

但是，人类却有办法制伏它。渔民掌握了章鱼的天性，他们将小瓶子用绳子串在一起沉入海底。章鱼一看见小瓶子，都争先恐后地往里钻，不论瓶子有多么小、多么窄！结果，这些在海洋里"战无不胜"的章鱼，竟然成了一个个小瓶子的俘虏。

是什么囚禁了章鱼？是瓶子吗？是它们自己。而我们许多人也如同章鱼，遇到苦恼、失意、诱惑、不解等种种"瓶子"，就禁不住乐此不疲地庄里钻。就如同那条章鱼，它没有被任何外在的东西束缚住，是它自己将自己"囚禁"了起来。在某种意义上讲，我们何尝不是那条"章鱼"呢？

在影片《肖申克的救赎》中，有这样一个让人记忆深刻的场景：在监狱里待了 50 年的布鲁克斯被假释出狱了，他是如此害怕并要逃避这种自由，甚至想到用跟人打架，甚至杀人的方式毁掉假释，以便能继续在监狱待下去。但最终，他还是被释放了。

年近七旬的布鲁克斯走在完全陌生的街道上，看着川流不息的人群与车流，他感到了一种恐惧：在监狱里，他是监狱图书馆的管理员；而在这里，在这熙熙攘攘的繁华街道上。他是谁呢？他可以做些什么呢？突如其来的"自由"把他压倒了，最后他选择了自杀。

对于布鲁克斯来说，体制的力量如此强大，让他不知不觉已经变成了木头人，离开了痛恨的秩序竟然无所适从。可以说，对体制的服从已经内化为他的一种"生命秩序"——比生物钟更强大的内部秩序。他已经从心理上接受了痛苦的生活，习惯了痛苦的生活，变成了一个没有希望，没有追求的人。可见痛苦的力量是巨大的，它不仅改变了人的容貌，更改变了人的心灵，最可怕的是它让你变得麻木，甚至麻木得已经不知道自己已经麻木了。

是什么束缚了我们的手脚，是磨难和痛苦不敢让我们放手去拼一搏？不是外在条件的种种制约，而是我们的心灵被痛苦"钝化"了，失去了最初的锋芒与凌厉，也失去了梦想与希望。痛苦与否取决于自己，想不想痛苦也取决于自己，你可以让它生根发芽，长成参天大树，也可以将它枪毙！

心灵悄悄话

你甚至不是重建那失去的东西，因为那样你还惦记着你的损失，你仍然把你的心留在了废墟上。你要带着你的心一起朝前走，你虽破产却仍是一个创业者，你虽失恋却仍是一个初恋者，真正把你此刻孑然一身所站立的地方当作你人生的起点。

厄运是个信号弹

我们的生活就像一个圆,当我们失去某些东西的时候,这个圆就缺了一点,就不圆了;但慢慢地,这个圆总会再次圆起来,总会有新的东西来填补原来的空缺。

厄运是颗信号弹,厄运过后的我们将更加耀眼。就像没有失就没有得,失去即象征着新的拥有。

在一场船难中,唯一的生存者随着潮水漂流到一座无人岛上。

他天天祈祷老天保佑他早日离开此处,回到家乡。他还每天注视着海上有没有会搭救他的人,但眼前除了汪洋一片,什么也没有。

后来,他决定用那些随他漂到小岛的木头造一间简陋的木屋,先在这险恶的环境中生存下来。小屋终于艰难地搭成了。可是有一天,当他外出捉鱼回到小屋时,突然发现小屋竟已陷在熊熊烈火之中,大火引起的浓烟不断地向天上蹿。

他所有赖以维生的东西,都在这一瞬间通通化为乌有。"神啊! 你怎么可以这样对待我!"他气愤地对着天空呐喊,眼泪也止不住地流下来。

第二天一早,他被鸣笛声吵醒。"干什么啊,还让不让人睡觉!"他睁开眼,拿掉盖在身上的棕榈叶,睡眼惺忪地坐了起来,本能地朝大海上望去。

"船?"他看到一艘正在接近海岸的大船,"不会! 一定是我太想看到船了,所以才产生了幻觉。哎……"他叹了口气,又躺了下来。

"嘟……嘟……"巨大的鸣笛声震得他的耳膜嗡嗡响。

"有汽笛声,好像真的有船?!"想罢,他一骨碌坐了起来,"真的有船!真的有船!"他得救了。

到了船上,他问那些船员:"你们怎么知道我在这里?"

"我们看到了你发的信号啊。"

"信号?"

"那些浓烟,不是你弄的?"

"……"

当陷于困境中时,当失去心爱的东西时,我们很容易会沮丧。不过,有时失去却意味着另一种获得,失去让我们发现还有其他美好的事物依然存在,也因为失去使获得和存在更让人珍惜。

当你唯一的"小木屋"着火时,不必忙着悲伤、绝望,记住这个故事,把那当成好运来临前的一个"信号弹"吧。当上帝为你关上了一扇门,必定会为你打开一扇窗。

从前有一位国王,他非常喜欢打猎。在一次追捕猎物时,他不幸弄断了一节食指。剧痛之余,国王立刻招来"智慧大臣"——一位公认的智者,征询他对意外断指的看法。

智慧大臣听完国王的抱怨,轻松自在地说:"这也许是一件好事呢?!陛下,您应该多往积极的方面想想啊。"

"积极?我这节手指断得很好,是吧?"国王以为智慧大臣是在幸灾乐祸,随即命侍卫将他关进了监狱。

待断指伤口愈合之后,国王好了伤疤忘了疼,又兴冲冲地带众大臣四处打猎去了。不料,这次国王的运气更差,他们被丛林中的野人活捉了。

依照野人的惯例,必须将活捉的这队人马的首领献祭给他们的天神。祭奠仪式刚刚开始,巫师发现国王断了一节食指,按他们部族的律例,献祭不完整的祭品给天神是会受天谴的。野人连忙将国王解下祭坛,驱逐他离开,而抓了另外一位大臣献祭。

国王狼狈地回到朝中,庆幸大难不死。国王忽然想起智慧大臣曾说,断指是一件好事,便立刻将他从牢中放了出来,并当面向他道歉。

智慧大臣还是保持着他一贯的积极态度,笑着原谅了国王说:"这一切都是好事啊。"

国王不服气地质问:"说我断指是好事,如今我能接受;但若说因我误会你而将你关在牢中受苦,这也是好事?"

智慧大臣微笑着回答:"臣在牢中,当然是好事,陛下不妨想想,如果臣不在牢中,那么,今天陪陛下打猎的大臣会是谁呢?"

世间万物都是相辅相成,相互转化的,就像先苦后甜,乐极生悲,物极必反,他会向着相反的方向转化。所以有些时候厄运到来并不是你生命的尽头,厄运是颗信号弹,也许是你好运的开始。

心灵悄悄话

圆满,固然美好;缺憾,也未必不值得珍惜。没有失去,没有痛苦,没有挫折,我们怎么会有新的起点,去追寻另一种更美好的生活。

第四篇

做一个锋芒不毕露的刀

做人，就要做一把插在刀鞘中的利刃："锋芒"不能"毕露"，"木秀于林，风必摧之；堆出于岸，流必湍之；行高于人，众必非之。"我们要自信，我们要坚持，我们不丧气，我们始终保持昂扬的斗志，同时要不张扬，做人要低调。但在决定命运的关键时刻，我们必须要有一把披荆斩棘一往无前的利器。

人生在世，如果不锋芒外露，也许将得不到同事的欣赏和领导的赏识和重用。可是，如果一个人过于锋芒外露，就一定会遭到同事的嫉妒、陷害和领导的设防。

悦纳真实的自己

在这个世界上,根本就没有两片完全相同的树叶,生活中的每个人都是独一无二的。你是蔷薇,就不要强求自己成为玫瑰;你是麻雀,就不要强求自己成为鸿雁。保持自我,不盲目仿效,是人生成功的前提条件。别人的人生与自己的人生,自然是不同的,自己的人生掌握在自己的手中,是"成功的传奇"还是"人生的悲剧"全在于你自己,而任何委曲求全或者是装模作样,都会让我们不能真正触及事情的本质,或者只能流于俗套而失败。

看过许多模仿秀的节目,模仿者惟妙惟肖地模仿着他们所喜爱的明星,就连说话、走路、吃饭的神态、表情和动作都不放过。很多粉丝都为之惊叹,都说他们是某某明星,却唯独说不出他们的真实身份。这也难怪,那些模仿者只不过是用了几件漂亮、时尚点的外包装,外加别人的发型和几个毫无创新的动作拼凑而成的躯壳而已,他们最大的不足就是丧失了真实的自我。

比尔·盖茨曾说下一个比尔·盖茨就是马云。事实果真会如此吗?不然!世界上只会有一个比尔·盖茨,前无古人,后无来者;而马云也只会成为世界上第一个马云,不会成为第二个比尔·盖茨,而且也会是前无古人,后无来者。

很多人在模仿比尔·盖茨,可又有谁能以他的方式站在世界的巅峰呢?很多人在模仿卓别林,可又有谁能以他的方式为众人皆知呢?很多人在模仿杰克逊,可又有谁能上演他那经典的太空舞步呢……没有,这些都没有!每个人都可以用自己独特的方式去成就独一无二的自己。如果

你总是想去模仿别人的成功模式,那你注定会成为模仿的牺牲品。

这是一位作家的生活札记——

2009 年,我随家人在德国慕尼黑生活了一年,此间我参加了一个德语学习班,班上 12 位同学来自不同的国家,老师为了让大家彼此熟悉便于交流,每次上课都会留出时间让每个人做自我介绍。这天,一个女人一开口就吸引了大家,她说:"我叫玛莉娅,来自塞尔维亚。1999 年科索沃战争,我的父母被炸弹击中身亡。在我婚后的第十个年头,我的丈夫对我说,'玛莉娅,你煮的咖啡很难喝。'他和一个法国女人走了。塞尔维亚经济不景气,我失业了。上帝啊,这个女人变得一无所有。上帝却说,悲观的女人才会变得一无所有!于是,我来到慕尼黑,在一家咖啡店找到了工作,我煮的咖啡棒极了。我爱死我自己了!"

玛莉娅的话让回国的我至今难忘,悦纳自己,善待自己,哪怕生活平淡、哪怕是身处困境。

人生之旅对我们每一个人来说,都不一定是那么宽阔、平坦、绚丽多彩的,它不仅坎坷崎岖,而且荆棘丛生,甚至还有难以排除的纷争、改变不了的世俗、无法逾越的障碍。因此,你必须学会悦纳自己。当你悦纳了你自己,你自然就看到了希望,也就获得了救助的机会。所以说,"悦纳自己"的含义其实就是尊重自我、欣赏独一无二的自己。

心灵悄悄话

悦纳自己绝不是孤芳自赏,亦不是无原则地原谅自己的过错。孤芳自赏往往会酿造清高自傲的苦酒,成为醉生梦死沉沦于世的行尸走肉,远离群体的孤雁,飘离港湾的孤舟,不但不能取一"悦",反而平添千般愁;而无原则地原谅自己的过错等于放纵自我、毁灭自我,是对自己的一种犯罪。

充满自信

希尔博士说:"有方向感的信心,令我们每一个意念都充满力量。当你有强大的自信心推动你的人生巨轮,你可以平步青云,无止境地攀上成功之山。"拿破仑甚至讲出了更为豪气的话:"在我的字典里,没有'不可能'这个词。"正是这个词,带着他南征北战,横扫欧洲大陆。

当前,我们生活在竞争异常激烈的社会里,如果没有充分的自信是很难取得成功的。

我们要学会欣赏自己,把自己的优点、长处统统找出来,在心中"炫耀"一番,反复刺激和暗示自己"我可以""我能行",就能逐步摆脱"事事不如人,处处难为己"的困扰。"天生我材必有用",自己给自己鼓掌,自己给自己加油,自己给自己戴朵花,便能撞击出生命的火花。

自信是一个人重要的精神支柱;自信是相信自己有能力实现自己既定目标的心理倾向;自信是建立在正确的认知基础上、对自己实力的正确估计和积极肯定,是心理健康的表现。战国时期毛遂因为有自信,才说服平原君,打动楚王,使得赵楚达成联盟;爱迪生因为自信,他坚持不懈,成就了他"发明大王"的美誉;哥白尼因为自信,敢于挑战"地心说",成就了他的"天体论";阿基米德因为自信,发出了"给我一个支点,我就能撬动地球"的豪言壮语。

自信不是夜郎自大、得意忘形,更不是毫无根据的自以为是和盲目乐观,而是激励自己奋发进取的一种心理素质,是以高昂的斗志,充沛的干劲迎接挑战的一种乐观情绪。自信,并非意味着不费吹灰之力就能获得成功,而是说战略上藐视困难,从一次次胜利和成功的喜悦中肯定自己,不断地突破自卑的羁绊，从而创造生命的亮点，成就事业的辉煌。

自信、自卑、自负是人的三种截然不同的心理状态。自信、自卑、自负三者之间没有绝对的界限，自信不足，则是自卑；自信有余，则是自负。自信是对自我价值的认可与坚守。自信是成功的基石，自卑和自负则是失败的滑梯。自卑是这样一种心态：对自己没有信心，看不到自己的优点，总拿自己的缺点与别人的优点相比，不能充分地认识自己，对自己过分贬低。自负则是这样的心态：对自己太过自信，看不到自己的缺点，优点是优点，缺点还是优点，并对自己盲目乐观。自卑和自负者不会成功，楚霸王自负而垓下惨败，关羽自负而痛失荆州。

可以说，自信是个古老的话题。千百年来，人们出于创造美好生活的目的，都对信心抱有崇高的期望。19世纪的思想家爱默生说："相信自己'能'，便攻无不克。"《圣经》里则说："如果你有一点信心，你即会对此山说，由此处往彼处移，而它就真的会移动。因而没有一件事对你而言是不可能的。"总之，无论你现在有多么艰难，请都不要气馁。其实，自信从来未曾离开过我们，只是被我们遗忘了，其实别人并不比你强。我们不是被对方吓倒，而是被自己吓倒。

1951年，英国一位叫富兰克林的人从自己拍摄的x射线照片上发现了DNA的螺旋结构，但他仅为此发现做了一次演讲。因为他生性自卑，常常怀疑自己的能力，所以，他放弃了自己的发现。1953年，科学家沃森和克里克从照片上发现了DNA的分子结构，提出了螺旋结构假说，二人因此获得了1962年诺贝尔医学奖。最早发现DNA螺旋结构的富兰克林却最终与诺贝尔医学奖无缘。

如果富兰克林不自卑，而坚信自己的假说，进一步进行深入研究，这个伟大的发现肯定会以他的名字载入史册。从能力上来看，他不比任何一个伟大的科学家逊色，但他一旦做了自卑情绪的俘虏，就很难有所作为了。

再来看下面的故事：

甘国强是个推销员，他从小就胆怯自卑，每当站在陌生人面前时，他都会变得局促不安，结结巴巴地说不出话来。刚开始做推销工作那会儿，他站在别人的家门口不敢敲门，觉得自己的脑子一片空白，自己原先练习过的推销辞被忘得一干二净。甘国强总是感觉自己非常渺小，觉得别人会看不起他这个推销员，害怕客户会将他从家里赶出来。但这种现象并没有持续下去，甘国强制止了它的蔓延。因为他觉得如果不扭转局势，自己就失去生活保障了。既然都快没有饭吃了，被人赶出来算什么？那些大人物和穿着开裆裤的小孩子有什么区别？

从此，甘国强开始尝试这样想着去做自己的推销工作，没想到效果很好。在他真正放开了和客户谈的时候，发现其实他们都像朋友一样，说起话来非常自然、流畅。

自从能站在平等的立场上和他的客户讲话后，甘国强的心情就变得轻松自然多了。从此之后，他的观念有了突破性的改变，自卑感也不见了。其实，做任何事都像做推销一样。一旦你将自己的对手看成和你一样，你会发现，你做事情的时候能够非常轻松地达到成功的目的。如果你将他们看得很高，你会在他们面前发抖。

在话语中否定自己是自卑的一种非常典型的症状。当你不停地否定自己的价值、贬低自己人格的时候，你的价值真的会受损。成功者即使自嘲，也是有限度的，绝对不会贬低自我的价值。而自卑的人喜欢用非常笼统而负面的词汇来描述自己。这样做的后果是自卑得以一次次加深，因为你不断把负面的观念塞进你关于自我的潜意识中，这样你就真的相信自己是一个失败者了。而你强化的自卑观念，反过来提高你再次重复这些自我贬损言语的概率，使得你的自卑又一次加深。

如果一个人有随波逐流、附和别人的习惯，也说明对自己不够自信。这些人做事情喜欢跟在别人后面，喜欢等别人做完后才开始自己的事业。

奋斗——沉舟侧畔千帆过

看到别人开餐馆赚钱了,他也开餐馆;看到别人投资股票赚钱了,他也投资股票;看到别人买卖邮票发财了,他也开始了对邮票的兴趣。他们以为这样可以万无一失,因为有别人的经验。岂不知,在所有人都进入的行业或者投资活动是没有利润的,这也是他们失败的真正原因。

贬低、否定自己和抬高、附和别人都是没有必要的,因为别人并不比你强。你想到别人其实和你一样时,就会鼓起自己的勇气,去做自己想做的事情,达到成功的目的。很多人觉得自己不如别人,这是不自信的表现。"我没有启动资金,但是他却有,我怎么和他竞争呢?""像我这样的人,怎么可能成为百万富翁呢?"

难道你没有想过,其实别人也和你一样,别人也有各种劣势。别人并不比你强,真的!当你能够这样思考的时候,证明你已经比别人强了!

很多人常因为自己寻常的外貌、普通的资质、平凡的工作、一般的业绩而悲伤和叹息。其实,我们大可不必这样,只要你留神一点,你就可以看到自己身上有着不少美好品质——也许你很善良,也许你很诚实,也许你很正直,有时候,我们也许不是最完美的,但是我们是这个世界上独一无二的。

不求公平求效率

公平，这是一个很让我们受伤的词语，因为我们每个人都会觉得自己在受着不公平的待遇。事实上，这个世界上没有百分之百的公平，你越想寻求百分之百的公平，你就会越觉得别人对你不公平。

企业作为最大利润谋求者，与追求"公平"相比，它更喜欢"效率"。在一个公司内部，如果没有适当的等级制度和淘汰制度.它就会因为自己的"仁义"而失去竞争力，就会在竞争中遭到淘汰。因此，在现实生活之中，永远不会出现你想象中的那种绝对"公平"。

美国心理学家亚当斯提出一个"公平理论"，认为职工的工作动机不仅受自己所得的绝对报酬的影响，而且还受相对报酬的影响。人们会自觉或不自觉地把自己付出的劳动与所得报酬同他人相比较，如果觉得不合理，就会产生不公平感，导致心理失衡。关于公平，有这样一个有趣的故事。

定一禅师修行多年，佛法精深。一次，一个弟子向他请教什么是公平。禅师想了想，给他讲了一个佛经中的故事。

有两个魔鬼朋友，他们共同拥有一个竹箱、一根手杖和一只鞋子。很多年来，他们相处得非常开心。突然有一天，他们却为了这些东西的归属问题争得不可开交。

"当年这些东西是我先发现的，理应归我所有！"年纪较小的魔鬼叫道。

"你懂不懂规矩？按照我们魔鬼界的规矩，后辈发现东西应该交给前辈,所以这些东西应该归我!"年纪较大的魔鬼倚老卖老地说。

年轻的魔鬼听了非常气愤,也不再和年老的魔鬼讲道理,上前就打,年老的魔鬼一边躲闪,一边瞅准时机还击。

正在这时,一个路人恰巧经过,看到他们边打边吵,却是为了一个竹箱、一根手杖和一只鞋子,不禁非常好奇,他说:"二位真是可笑!这个破竹箱能装什么东西?这个破手杖也不能支撑身体。至于这只单个的鞋子,又不能穿着走路。你们至于为了一堆破烂大打出手吗?"

"你懂什么?这三样东西看起来虽然无用,但无一不是神奇的宝贝!只要你对着这个竹箱大喊一声,无论是漂亮的衣服、美味的食品,还是值钱的珠宝,它都能立即给你整箱整箱地变出来,满足你的需求。"年轻的魔鬼解释道。

"这个手杖是天下无敌的利器,有了它,佛祖也要怕你三分。至于这只破鞋子就更厉害了,只要穿上它,你就可以上天入下地无所不能,谁也抓不到你。"年老的魔鬼补充道。

原来如此!路人听了不禁怦然心动,但他装作若无其事地说:"原来是这样。我看二位这样争来吵去也不是办法,不如让我为你们作一个公正的评判,决定这三件宝物应该属于谁,至少也能把它们平分给二位。"

"太好了!听说人类的智慧比我们强多了,心地也比我们善良,就请您公平地为我们判决吧!"两个魔鬼充满信任地恳求道。

"那好吧!既然你们这么信任我,我就勉为其难。现在先请二位向后退几步,我好方便把宝物平均公正地分给二位。"路人说着,脸上露出一丝不易察觉的奸笑。

两个魔鬼听完。下意识地各自退了几步。路人看到后,赶紧冲上前去,左手抱起箱子,右手拿起手杖,一只脚穿上鞋子,瞬间飞腾而去!两个魔鬼终于明白了是怎么回事,他们气急败坏地大骂:"你这个骗子!你怎么可以言而无信,你不是说要公平地给我们分配宝物吗?"

"哈哈哈,两位为了这些东西争来斗去,不肯做丝毫让步,谁能够给你们平分?为了让你们觉得公平,我只好委屈自己,代为保管这些宝贝

啦！你们现在谁也得不到.这不是很公平吗？谢谢两位了!"空中传来了路人的声音,两个魔鬼气得说不出话来。

定一禅师其实是在告诫弟子:世事没有绝对的公平。一味地追求公平,只会让人心理失衡;一味地为了公平而争斗,只会让我们失去更多。不知共存共荣之道,必然是鹬蚌相争,两败俱伤。只有抛弃私心、彼此包容,才能够有所得、有所乐。

对于职场上种种不公平的现象,不管你喜不喜欢,都是必须接受的现实,而且你最好主动地去适应这种现实。追求公平是人类的一种理想,但正因为它是一种理想而不是现实,所以作为职场人,你除了适应,别无选择。

小夏费了很大的周折才进了一家大型国有企业。有一天,小夏他们楼层的热水器坏了,喝开水要到楼上去打。这样,每天提热水壶上楼打开水自然成了小夏分内的事。因为小夏是刚来的,又是一个年轻人,所以大家都觉得这是理所当然的事。这天上午,小夏到外面办事去了,中午回到办公室渴得不行,想喝点儿水,于是他揭开热水壶盖,一看,里面空空如也。小夏很生气,大声说从明天起轮流打开水,不能让他一个人承包,但没人响应。于是,第二天早晨上班后他也不打开水了。结果可想而知,当天中午他就被领导叫到办公室训斥了一顿,说他太懒惰,连这点儿小事也不愿意做。

应该说,这件事对小夏的确不公平,但在现代职场上,永远也不会有绝对的公平出现！道理很简单,无论社会进步到什么程度,企业管理如何科学化,企业内部永远是个金字塔结构。既然是个金字塔,就必然会有上下之分,就必然会有不平等的现象存在。企业作为最大利润谋求者,与追求"公平"相比,它更喜欢"效率"。在一个公司内部,如果没有适当的等级制度和淘汰制度,它就会因为自己的"仁义"而失去竞争力,就会在竞争中遭到淘汰。因此,在现实生活之中,永远不会出现你想象中的那种"公平"。

因此,职场人首先要摆正心态,不必事事苛求百分之百的公平,对生活中的小事看开一点儿,不要斤斤计较,对已经过去的事情不要耿耿于怀,而要把精力和时间放在追求效率上。这样,就单个事情来说不一定公平,但从整体上来说就公平了。另外,我们还可以设法通过自己的发愤努力来求得公平。如果你觉得不公平就放弃努力,那你就错了。只有这样,不求公平求效率,你才能在职场中立足、生存、发展。

心灵悄悄话

> 公平是相对而言的,衡量公平的标准也不是一成不变的。当你换个角度来看问题时,你会发觉自己得到的比失去的要多。不公平是一种进行比较后的主观感觉,因而只要我们改变一下比较的标准,就能够在心理上消除不公平感。

笑到最后的才是真正的赢家

贾柯·瑞斯说:"当一切毫无希望时,我看着切石工人在他的石头上,敲击了上百次,而不见任何裂痕出现。但在第一百零一次时,石头被劈成两半。我体会到,并非那一击,而是前面的敲打使它裂开。"

苏秦在游说秦王失败后,受到家人和乡人的耻笑。于是他暗下狠心,立志向,并"引锥刺股",奋力攻读,最终实现了自己的理想,在游说赵王时大获成功,提出的合纵策略也被六国广泛认可,成了一位伟大的政治家!

每个人都希望自己有常胜不败的处世心态,但这种心态并非与生俱来的,需要战胜自我,培养独立能力,学会观察与思考。每个人都有致命的弱点,所谓智者,就是要能够研究、掌握并恰到好处地去利用他人的这些弱点,为自己铺设一条成功之路。我们生存于现世,就是要在战胜自我的基础上战胜别人,经商者掏出顾客的腰包,从政者得到拥护,心想者得以事成,都得笑对人生的残局,坚持与命运对弈下去。

人若以命运来划分,大致可以分为两种:一种开始就走运;一种开始就倒霉。

台湾残疾人画家谢坤山就属于后一种,他似乎生来就和好运无缘,倒霉了一次又一次。

由于家境贫寒,谢坤山很早就辍了学。不过,生活贫困也使他早熟,很小就懂得父母的劳苦与艰辛。从 12 岁起,他就到工地上打工,用他那稚嫩的肩头支撑着这个家。然而命运偏偏不垂青于这个懂事的孩子,总将灾难一次次降临到他的头上。16岁那年,他因误触高压电,失去了双臂和一条腿;25岁时,一场意外事故,又使他失去了一只眼睛。

面对接踵而来的打击,谢坤山没有沉沦。他带着一身残疾上路,独自一人,与命运展开了一场博弈。谢坤山一边忙于打工,挣钱糊口;一边忙于公益,救助社会。后来,他渐渐地迷上了绘画,想重新给自己灰色的世界着色。

起初,谢坤山对绘画一无所知,他就去艺术学校旁听,学习绘画技巧。没有手,他就用嘴作画,先用牙齿咬住画笔,再用舌头搅动,嘴角时常渗出鲜血。少条腿,他就"金鸡独立"作画,通常一站就是几个小时。

谢坤山勤奋作画,到处举办画展,作品也不断地在绘画大赛中获奖。他不仅赢得了事业,成为很有名的画家,同时也赢得了社会的尊重。

其实生活就是一盘棋,而与你对弈的是命运。即便命运在棋盘上占尽了优势,即使你剩下只有一炮的残局,你也不要推盘认输,而要笑着面对,坚持与命运对弈下去,因为生活往往就在坚持中转机,没准接下来就能打它一个"闷官"!

清朝大才子纪晓岚才华过人,然而,伴君如伴虎,仕途多艰难,他也曾受到很大的挫折。44岁那年,两淮盐运史卢见曾因盐政亏空而获罪,朝廷要查抄家产。纪晓岚因与卢家是儿女亲家,所以,巧妙地将消息透露给卢家,事后,被政敌和珅告发,革职查办,谪戍新疆乌鲁木齐,远离京都。但他并没有因此而沉沦,而是静候时机,终于在三年后放还归朝堂。

纪晓岚一生四十余年仕宦生涯,历雍正、乾隆、嘉庆三朝,其间的艰难险阻只有他自己最清楚。他曾给自己写过一首词,曰:"浮沉宦海如鸥鸟。"这就是他一生真实的写照。正是:风云吞吐寻常事,笑到最后是赢家。

一个人曾经跌倒过,这并不重要,重要的是他有勇气站起来,尽管以后可能还会跌倒。张艺谋执导的电影《一个都不能少》的女主角魏敏芝在考北影中失败了,还遭受到网民的无情讥讽,但是她并没有因此而放弃考"西影"的机会,最后她凭着信念与勇气成功了,接着一系列的机会找上了她,她得以出国留学,并最终如愿以偿当上了导演。如果魏敏芝当初因为考北影失败而沉沦,不再有那份再接再厉的勇气,那么她肯定不会像现在这样走得这么远。山峰只属于敢于攀登、不怕跌倒的人,只要有勇气面对跌倒,就会有征服山峰的机会。

美国历史上与华盛顿齐名的最伟大的总统之一亚伯拉罕·林肯,一生中布满了一长串"失败"的清单:在1831—1860年之间,他生意失败、情人逝世、精神曾经一度崩溃,竞选州长、州议员、国会议员、参议员多次失败。就这样,他失败了,爬起来,再失败,就再爬起来,终究战胜了命运,闯过了生命的黑暗,将生命之舟划向了辉煌的彼岸,在他51岁那年竞选总统成功。

对自己能力的信任、对困难的正确认知,让你努力的行为可以开始和坚持!有些人天资颇高却成就平凡,他们好比有大本钱而没有做出大生意;也有些人天资并不特异而成就斐然可观,他们好比拿小本钱而做大生意,这中间的秘密就在于能不能坚持到最后了。

笑到最后,是一种心态,一种坚持。奋斗的路上充满荆棘,相信阳光总在风雨后,自古以来成气候者不拘小节,成大事者不惧挫折。

保持高昂的斗志

人生的旅程有阳光,也有风雨,如何在阳光灿烂之时继续进取,如何才能在风雨之中傲然前行,如何在厄运面前不退缩,如何在屡次挫折之后,仍不丧失斗志? 下面教你几招在不同环境中保持斗志的诀窍。

1. 离开舒适区,不断寻求挑战激励自己。提防自己,不要躺倒在舒适区。舒适区只是避风港,不是安乐窝。它只是你心中准备迎接下次挑战之前刻意放松自己和恢复元气的地方。

2. 把握好情绪。人开心的时候,体内就会产生奇妙的变化,从而获得阵阵新的动力和力量。但是,不要总想在自身之外寻开心。令你开心的事不在别处,就在你身上。因此,找出自身的情绪高涨期,用来不断激励自己。

3. 调高目标。许多人惊奇地发现,他们之所以达不到自己孜孜以求的目标,是因为他们的主要目标太小,而且太模糊不清,使自己失去动力。如果你的主要目标不能激发你的想象力,目标的实现就会遥遥无期。因此,真正能激励你奋发向上的,是确立一个既宏伟又具体的远大目标。

4. 加强紧迫感。20 世纪作者 Anais Nin 曾写道:"沉溺生活的人没有死的恐惧,自以为长命百岁无益于你享受人生。"然而,大多数人对此视而不见,假装自己的生命会绵延无绝。唯有心血来潮的那天,我们才会筹划大事业,将我们的目标和梦想寄托在 Denis Waitley 称之为"虚幻岛"的汪洋大海之中。其实,直面死亡未必要等到生命耗尽时的临终一刻。事实上,如果能逼真地想象我们的弥留之际,会物极必反产生一种再生的感觉,这是塑造自我的第一步。

5. 撇开朋友。对于那些不支持你目标的"朋友",要敬而远之。你所交往的人会改变你的生活。与愤世嫉俗的人为伍,他们会拉你沉沦。结交那些希望你快乐和成功的人,你就能在追求快乐和成功的路上迈出最重要的一步,对生活的热情具有感染力。因此,同乐观的人为伴能让我们看到更多的人生希望。

6. 迎接恐惧。战胜恐惧后迎来的是某种安全有益的东西。哪怕克服的是小小的恐惧,也会增强你对创造自己生活能力的信心。如果一味想避开恐惧,它们会像疯狗一样对我们穷追不舍。此时,最可怕的莫过于双眼一闭,当它们不存在。

7. 做好调整计划。实现目标的道路绝不是坦途。它总是呈现出一条波浪线,有起也有落。但你可以安排自己的休整点。事先看看你的时间表,框出你放松、调整、恢复元气的时间。即使你现在感觉不错,也要做好调整计划。这才是明智之举。在自己的事业波峰时,要给自己安排休整点,安排出一大段时间让自己隐退一下,即使是离开自己爱的工作也要如此。只有这样,在你重新投入工作时才能更富精力。

8. 直面困难。每一个解决方案都是针对一个问题的,困难对于脑力运动者来说,不过是一场场艰辛的比赛,真正的运动者总是盼望比赛。如果把困难看作对自己的诅咒,就很难在生活中找到动力,如果学会了把握困难带来的机遇,你自然会动力陡生。

9. 首先要感觉好。多数人认为,一旦达到某个目标,人们就会感到身心舒畅,但问题是你可能永远达不到目标,把快乐建立在还不曾拥有的事情上,无异于剥夺自己创造快乐的权力。记住,快乐是天赋权利,它使自己在塑造自我的整个旅途中充满快乐,不要等到成功的最后一刻才去感受属于自己的欢乐。

10. 加强排练。先"排演"一场你要面对的更重要、更复杂的战斗。如果手上有棘手活而自己又犹豫不决,不妨挑件更难的事先做。生活挑战你的事情,你也可以用来挑战自己。这样,你就可以自己开辟一条成功之路。成功的真谛是:你对自己越苛刻,生活对你就越宽容;你对自己越宽容,生活对你越苛刻。

11. 立足现在。锻炼自己即刻行动的能力,充分利用对现时的认知力,不要沉浸在过去,也不要沉溺于未来,要着眼于今天。当然要有梦想、筹划和制订、创造目标的时间,不过,这一切就绪后,一定要学会脚踏实地、注重眼前的行动,要把整个生命凝聚在此时此刻。

12. 敢于竞争。竞争给了我们宝贵的经验,无论你多么出色,总会人外有人。所以,你需要学会谦虚。努力胜过别人,能使自己更深地认识自己;努力胜过别人,便在生活中加入了竞争"游戏"。不管在哪里,都要参与竞争,而且总要满怀快乐的心情。要明白,最终超越别人远没有超越自己更重要。

13. 内省。大多数人通过别人对自己的印象和看法来看自己。获得别人对自己的反映很不错,尤其正面反馈。但是,仅凭别人的一面之词,把自己的个人形象建立在别人身上,就会面临严重的危险。因此,只把这些溢美之词当作自己生活中的点缀。人生的棋局该由自己来摆。不要从别人身上找寻自己,应该经常自省并塑造自我。

14. 走向危机。危机能激发我们竭尽全力。无视这种现象,我们往往会愚蠢地创造一种追求舒适的生活,努力设计各种越来越轻松的生活方式,使自己生活得风平浪静。当然,我们不必坐等危机或悲剧的到来,从内心挑战自我是我们生命力量的源泉。圣女贞德(Joan of Arc)说过:"所有战斗的胜负首先在自我的心里见分晓"。

15. 精工细笔。创造自我,如绘制巨幅画面一样,不要怕精工细笔。如果把自己当作一幅正在描绘中的杰作,你就会乐于从细微处做改变。一件小事做得与众不同,也会令你兴奋不已。总之,无论你有多么小的变化,于你都很重要。

16. 敢于犯错。有时候我们不做一件事,是因为我们没有把握做好。我们感到自己状态不佳或精力不足时,往往会把必须做的事放在一边,或静等灵感的降临。你可不要这样,如果有些事你知道需要做却又提不起劲,尽管去做,不要怕犯错,给自己一点自嘲式幽默,抱一种打趣的心情来

对待自己做不好的事情,一旦做起来,尽量乐在其中。

17.不要害怕拒绝。不要消极接受别人的拒绝,而要积极面对。如果你的要求落空时,把这种拒绝当作一个问题:"自己能不能更多一点创意呢?"总之,不要轻易打退堂鼓,应该让这种拒绝激励你更大的创造力。

18.尽量放松。接受挑战后,要尽量放松。在脑电波开始平和你的中枢神经系统时,你可感受到自己的内在动力不断增加,你很快会知道自己有何收获,自己能做的事,不必祈求上天赐予你勇气,放松可以产生迎接挑战的勇气。

心灵悄悄话

> 人的一生都是在奋斗中度过的,只有奋斗生活才会精彩,因为奋斗生命才有了意义,因此无论在何种情况下都不能丧失斗志。

自信是成功的基石

自信是成功的基石,是推动人们不断上进的动力。意大利著名诗人但丁说:"走自己的路,让别人说去吧!"火刑架上的伽利略面对熊熊燃烧的大火时,对自己的观点仍然笃信不疑:"这个世界最终会了解我的"。邓亚萍说:"我自信,我成功。"凭着自己的自信与能力,她每在世界大赛中屡克强敌,即便比分落后也可以做到镇定自若,信心百倍,从而扭转时局反败为胜。

世界著名的交响乐指挥家小泽征尔,在一次世界优秀指挥家大赛决赛中,他是最后一个出场的。在小泽征尔全情投入的按照评判委员会给的乐谱指挥演奏中,他敏锐地发现了乐曲中不和谐的声音。

小泽征尔刚开始以为是演奏家们演奏错了,便让乐队停下来重奏一次,但仍觉得有问题。他觉得是乐谱出了问题,而此时在场的作曲家与评判委员会权威人士都郑重声明乐谱没问题,称是小泽征尔的错觉。在这庄严的音乐厅中,面对这么多国际音乐大师与权威,他不免怀疑起自己的判断,但思虑再三,他坚信自己的判断是正确的,于是,大喊一声:"不!一定是乐谱错了!"他的喊声一落,评判台上的评委们便立刻站立同时向他报以最为热烈的掌声,祝贺他大赛夺魁。

原来,在发现乐谱错误并且遭到权威人士"否定"的情况下,这是评委们为检验指挥家是不是还能够坚持自己的正确主张而精心设计的。虽然之前的两位选手也发现了问题,但却没有坚持自己的意见,因而被淘汰

了。只有小泽征尔不迷信权威,坚信自己的判断,从而夺得了指挥家大赛的桂冠。

自信是一个人成功的基础,这是由于自信者的心理品质有助于成功。自信者通常都拥有大度幽默、果断英勇、勤奋踏实、开朗坦诚、好奇乐学、虚心谨慎等良好的心理品质,这些都有助于他们取得事业的成功。

一头母狮子阅读了许多与素质教育有关的书,她觉得完全能够将自己的孩子温迪培养成一头完美的狮子。渐渐长大的小狮子对世界与自己都有了很多思考和观察,他发现狮子虽然是兽类公认的草原之王,但狮子在中长跑项目里的耐力没有羚羊强,这是狮子一个非常明显的弱点。许多时候羚羊从嘴边溜走,就是因为这个弱点。温迪通过文献查阅与实验研究,终于弄明白羚羊耐力好,是因为他们的食物。因此,温迪瞒着母亲,天天偷吃草。一个星期后,母狮子发现了奄奄一息的温迪,便立刻将其送到了医院。因治疗及时,温迪很快就恢复了体力,但他依然坚持吃草。温迪还埋怨母狮子中断了他的计划,他说如果再给他几天时间,效果就会出来,而他就会成为草原上真正的王者。

母狮子几经劝说无效,便在医生的建议下,带温迪去做心理治疗。心理治疗师给温迪安排了为期一个月的认知行为治疗。心理治疗师先帮温迪认识他错误的观念,也就是没有缺点的狮子才是真正的草原之王。正确的观念是无论狮子有无缺点,他从来都是草原之王。狮子之所以能成为草原之王,是因为他的优点突出,而不是他没有缺点。他称霸草原靠的是优异的爆发力、敏锐的观察力、精准的扑跳动作和锋利的牙齿,而非完美,世界上不存在没有缺点的狮子。而温迪要做的就是努力接受自己的优点与缺点,即接受作为一头狮子的局限与特点。

温迪在经过一周的认知疗法后,观念有了转变。同时心理治疗师还给他安排了行为治疗的作业:

将自己的优缺点都写在纸上,然后贴到墙上。

每天对着镜子里的自己说,我虽然有缺点,但我依然是草原之王,因为我的优点多于缺点。

每周都记录下自己捉到的羚羊数,而非从嘴边溜走的羚羊数,同时将捕捉记录与家人和同伴分享。

在捕猎失败时,对自己说,我的耐力确实比不上羚羊,但我应充分发挥自己的优势;在下一次捕食时,要靠得更近些再动手,同时还要选好顺风的位置。

经过心理治疗后的温迪不仅恢复了自信,而且他的反应也越来越灵敏,也总能准确地选择捕食位置。终于,温迪在3年后成了那片草原上最优秀的狮子。虽然,和其他狮子一样,他的耐力依然比不上羚羊,但他已经不在意这一点了。

经过心理治疗的温迪之所以能够成为草原上最优秀的狮子,是因为心理治疗师帮他找回了自信,在一系列的治疗过程中他对自己也越来越有信心。因为信心充足,他才能获得成功。

说自信有助于成功,是成功的基石还有下面几个原因:

自信者都比较专注,对事对人都能保持客观评价,而且做事主次分明、目标明确,不会感情用事,也不会被跟任务无关的事情干扰,注意力可以高度集中,对自己的奋斗目标会全力以赴。

自信者都拥有乐观的心态,心态乐观的人在面对问题与失败时,不会轻言放弃,反而会想方设法创造成功的条件。

心灵悄悄话

自信者拥有强烈的好奇心,好奇心能够推动人不断努力、奋斗、拼搏,并且会更加注重自己解决问题的能力,以在自己喜欢的领域有所突破并取得成绩。

自卑是成功的绊脚石

美国已故前总统尼克松是我们极其熟悉的一位大人物，但就是这样一个大人物，因过于自卑、缺乏自信而毁掉了自己美好的政治前程。尼克松于1972年竞选连任，他在第一任期间政绩斐然，因而大部分的政治评论家纷纷预测尼克松将会以绝对优势获胜。

但尼克松本人由于没有走出过去几次失败的阴影而相当不自信，他十分担心再次失败。

尼克松在这种意识的驱使下，干出了一件让自己后悔终身的蠢事：他指使自己的手下潜入竞争对手总部的水门饭店，在对手的办公室里安装窃听器。

而在事发之后，又阻止调查，推卸责任，所以尼克松在取得选举胜利后不久便被迫辞职。尼克松本来是稳操胜算的，但却由于缺乏自信、自卑而导致惨败。

自卑是一种消极的自我意识或自我评价，也就是个体认为自身在某些方面比他人差的消极情感。自卑感即个体将自己的品质、能力评价偏低的一种消极自我意识。

自卑的人通常对自己都缺乏正确的认识，缺乏主见，办事没有胆量，而在交往中也极度缺乏自信。一遇到有错误的事情就会认为是自己不好，这样就会导致他们失去交往的信心与勇气。如果自卑感将一个人控制住的话，他的精神生活则会受到严重的束缚，创造力与聪明才智也会因此受到影响而无法正常发挥作用。因而可以说，自卑是束缚创造力的一条绳索。

大象是马戏团里不可缺少的表演动物。为避免大象逃跑,在没有表演节目时,马戏团里的人会用绳子绑住大象的后脚,将绳子的另一头绑在一根小木桩上。这让很多人都非常疑惑,凭大象的力量,别说是一根小木桩,就是一棵大树它也能轻易地抬起,它甚至能一脚踩死一只动物。如今为何它会那么安静地站在那里呢?

事实是这样的,当年大象被捉到马戏团时还只是一头小象,马戏团的人为防止它逃跑,便用铁链锁住它的脚,绑在一棵大树旁。每当小象企图逃跑、挣脱铁链时,铁链就会把它的脚磨得疼痛难忍。小象经过无数次的尝试,都失败了,于是它也就失去了逃出去的信心,并变得自卑起来。小时候的那段经历在它的脑海中形成了一种一旦有东西绑在脚上,它便永远无法挣脱的假象。

因此,虽然它的力量随着自己一天天地长大而增大,绑着它的也由铁链变成了绳子,但它仍然无法摆脱过去失败而造成的自卑心理,认为自己无论怎样都没有办法摆脱绑在自己脚上的东西。所以,它才会如此乖巧、顺从地被拴在小树桩旁。

自卑心理是非常危险的,自卑会让人迷失自己,不认识自己,看不到自己的能力。

德国天才哲学家尼采出生在一个牧师家庭,他自幼性情孤僻并且多愁善感,因为身体纤弱,他总是感到很自卑。他曾狂热地追求一个美丽的姑娘,但因笨拙的表达方式,最终失败了,这让他更加自卑。因而可以说,他的一生都在追寻一种强有力的人生哲学,以弥补自己内心深处的自卑。

尼采经过自己的努力,最终成了著名的哲学家。他打破了过去哲学演变的逻辑秩序,他还凭着自己的灵感作了独到的理解。他写了很多寓意隽永、文笔优美的散文,还大胆宣称:上帝死了!

尼采也曾自卑过,但他没有自暴自弃,没有怨天尤人,他勇敢地走出了自卑,超越并战胜了自卑。自卑并不可怕,可怕的是永远沉溺在其中,而不能自拔,自卑是成功的绊脚石,如果不能战胜自卑,重拾自信,你将无法成功。

心灵悄悄话

自卑的人就像那头自卑的大象一样,永远被绳子捆绑着,站在原地,不敢挣脱,不敢尝试。要懂得克服自卑心理,树立信心,不断尝试,或许改变就在下一次。

第四篇 做一个锋芒不毕露的刀

让自己的长处帮自己奋斗

你是否问过自己"我最大的弱点是什么?"可以说自我贬低也就是自己瞧不起自己是人类最大的弱点。自我贬低有多种表现形式,如你想与某个女孩约会,却不敢给她打电话,因为你觉得自己配不上人家;又或是你看到一个自己朝思暮想的职位在招聘,但你却不敢去应聘,因为你觉得自己没有资格做这份工作,又何苦去自寻烦恼。

很久之前哲学家们就给过我们忠告:了解你自己。可惜大多数人将这一忠告看成了了解消极的自我,他们将过多地目光注视在自己的短处和缺点上。能够了解自己的缺点与不足是件好事,毕竟每个人或多或少都是有缺陷的;但我们如果仅仅只看到消极的一面,情况就会变得很糟糕,这会让我们觉得自己生活的价值很小。因此,我们应该尽量去想自己的长处,并学会衡量自己的真正价值。

下面两点是帮助衡量你真正价值的办法:

了解你几个人主要的长处,请几个朋友来客观地帮你找寻优点(朋友可以是你的上司、领导,或是丈夫,妻子参加),总而言之是找一些聪明的人,他们给你的会是真实的看法。

在自己的每个优点下,写上一名成功者的名字,并且你都认识这些人,虽然他们都是已取得极大成功的人,但在这些方面,他们没有你做得好。

在结束这一练习后,你会发现自己至少在某一个方面会超越许多成

功者。这样你就可以得出自己比想象中要伟大得多的结论,因此应该尽量去想自己的长处,不要再瞧不起自己。

穆罕默德·阿里是世界著名的拳王,他在赛前总会进行自我推销,他告诉新闻界:"我将在5秒钟之内把对手打倒,他将会招架不住。"他说这句话是一种自我推销、自我肯定,而他的对手听到这句话后常常会开始动摇信心,变得不自信起来。另外,穆罕默德·阿里在比赛前裁判解说规则时会瞪着对手,像是在告诉对方将要给他点厉害看看,这也是拳王阿里自我推销的一部分。

我们只要相信自己,找到自己的长处并将其发挥的恰到好处,就一定能成功。

心灵悄悄话

自信也是自己的长处,阿里就是凭着自己的这份自信屡屡战胜对手。在我们的一生中,会遇到各种各样的障碍与对手。我们生活的每一个日子,都像是在拳击比赛中,可能击败对手也可能被对手击败。既然如此,我们要成为胜利者!

第四篇 做一个锋芒不毕露的刀

自信能克服一切困难

　　海伦·凯勒刚出生时，是个正常的婴儿。但 19 个月大时的一场疾病将她变成了一个又瞎又聋的残障儿。

　　小海伦的性情随着生理的剧变也发生了巨大的变化，稍不顺心就会乱打乱敲，野蛮任性地用双手抓食物塞入口里；如果试着去纠正她，她便会在地上打滚并乱叫乱嚷，这令她的父母十分头疼。终于她的父母决定把她送到波士顿的一所盲人学校，同时特意聘请一位老师照顾她。

　　幸运的是小海伦遇到了一位伟大、善良的天使——安妮·沙莉文女士。安妮也有过不幸的经历，她在 10 岁时，与弟弟两人一起被送进了麻省孤儿院，并在悲惨的生活中长大。因房间紧缺，年幼的两姐弟只得住进了太平间。贫困的生活环境加上极差的卫生条件，6 个月后她幼小的弟弟便夭折了。而安妮在 14 岁时也得了眼疾，几乎失明。但后来，她被送到帕金斯盲人学校学习指法语与凸字，再后来便作了海伦的家庭教师。

　　从此之后，安妮跟这个遭受三重痛苦的小姑娘开始了斗争。梳头、洗脸、用刀叉吃饭都要一边与她格斗一边教她。固执的小海伦常以怪叫、哭喊等方式来反抗严格的教育。但最终，安妮只花了一个月的时间就能与生活在绝对沉默、完全黑暗世界中的海伦进行沟通；而这一切都得归功于安妮的信心和爱心。

　　海伦·凯勒在其所著的《我的一生》一书中对这件事有一段感人的深刻描写：一位年轻的复明者，没有多少"教学经验"，将无比的爱心与惊人的信心，灌注入一位全聋全哑的小女孩身上——先通过潜意识的沟通，靠着身体的接触，为她们的心灵搭起一座桥。接着，自信与自爱在小海伦的心里产生，使她从痛苦的孤独地狱中走了出来，通过自我奋发，将潜意识那无限能量发挥到极致，走向光明。

就这样，安妮和海伦两人心连心、手携手，将信心与爱心作为药方，经过一段不足为外人了解的挣扎后，终于将海伦那份沉睡的意识力量唤醒了。海伦的自信也逐步树立起来，仍是聋哑、仍是失明的海伦凭借着自信、凭着触觉学会了与外界沟通，还会语言、文字、欣赏音乐等一系列从前想都不敢想的东西。自此海伦开始努力学习、积极向上，在10岁多一点时，她就成了残障人士的模范，名字传遍了全美。

如果说小海伦没有自卑感，那是不确切的。但幸运的她从小就在心底树起了永恒的信心，完成了对自卑的超越。

小海伦在成名后，依然毫不倦怠地不断接受教育，并通过自己的努力在1900年进入了哈佛大学拉德克利夫学院学习。她第一句说出的话是："我已经不是哑巴了！"她发现自己的努力没有白费，而显得异常兴奋，不断地重复说："我已经不是哑巴了！"4年后，海伦以优异的成绩毕业，作为世界上第一个受到大学教育的盲聋哑人。

海伦不但学会了说话，而且还学会了用打字机写稿、著书。虽然她是个盲人，但她比视力正常的人读的书还要多，她还著了7本书，甚至比"正常人"更懂得鉴赏音乐。海伦有着极其敏锐的触觉，只要轻轻地将手指放在对方的唇上，就会知道对方说的是什么；而将手放在小提琴、钢琴的木质部分，便可"鉴赏"音乐。

海伦·凯勒的事迹引起了全世界的赞赏与震惊，人们在她毕业那年在圣路易博览会上设立了"海伦·凯勒日"。她对生命一直充满热忱与信心，她凭着自己坚强的信念战胜了自己，实现了自身价值。虽然她没有成为政界伟人，也没有成为富翁，但她所取得的成就比政客、富翁还要大。

第二次世界大战后,海伦在非洲、亚洲、欧洲各地巡回演讲,从而唤起了社会大众对残疾者的注意,她还被《大列颠百科全书》称颂为有史以来最有成就的残疾人士代表人物。

一个缺乏自信的人,即便耳聪目明也不见得会有什么成就;海伦·凯勒虽然既盲又聋,但她自信,懂得爱护自己,并且能推己及人。所以,她的"心眼"亮了,"心耳"开了,创造了物质财富,也创造了心灵财富。

拿破仑·希尔说:"信心是心灵的第一号化学家。当信心融合在思想里,潜意识会立即拾起这种震撼,把它变成等量的精神力量,再转送到无限智慧的领域里促成成功思想的物质化。"确实,心存疑虑,必定失败;而相信胜利,必会成功。

拿破仑·希尔还曾说过:"有方向感的信心,可令我们每一个意念都充满力量。当你有强大的自信心去推动你的成功车轮,你就可平步青云,无止境地攀上成功之岭。"海伦·凯勒克服嘴不能说、耳不能听、眼不能看三重痛苦,并终生致力于社会福利事业,还被称为"奇迹人",她成功的一生,无疑是这句话最好的印证。

　　所有的成功者,都有一个共同点,那便是自信。自信是成功的第一要诀,是成功的基石。自信能克服一切困难,只要你有自信心,你就能够达成一切。

做一条离开水的鱼

在这一念间如何抉择,就是生活的目的所在:懂得什么是有价值的,认识到什么是值得自己用一生去追求的。但往往就是在生死攸关的时刻,我们的抉择却并不十分明智,因为我们的头脑受到了思维惯性的束缚,我们没法真正去思考。

两个工作不如意的年轻人一起去拜望师父。

"师父,我们在办公室被欺负,太痛苦了,我们是不是该辞掉工作呢?"两个人一起问。

师父闭着眼睛,隔半天,吐出五个字:"不过一碗饭。"挥挥手,示意两个年轻人该退下了。

回到公司,一个人递上辞呈,回家种田,另一个人却没有动。

时光流转,岁月无情,转眼 10 年过去了。

回家种田的那个年轻人现在成了农业专家,并采用现代科学方法经营管理农场,已是名扬一方的大实业家了;另一个留在公司里的人也不差,他忍着气努力学习,渐渐受到公司的器重,现在已经成为主持一方工作的经理,不日将升迁到更高的职位。

一天,两个人相遇了。

"奇怪,师父给我们'不过一碗饭'这五个字,我一听就懂了。不过一碗饭嘛,何必死守在公司? 所以就辞职了。"农业专家问另一个人,"你当时为什么没听师父的话呢?"

"我听了呀!"那位经理道,"师父说'不过一碗饭',老板说什么是什么，少赌气、少计较就成了。师父不是这个意思吗?"

于是两个人又去拜望师父。师父已经很老了，仍然闭着眼睛，隔半天，吐出五个字:"不过一念间。"然后挥挥手……

人生一世，尽管在历史长河里只如瞬间花开，但毕竟路途漫漫，三穷三富不到头，既有"人生十年旺，神鬼不敢傍"的鼎盛，也会有"喝水塞牙缝，放屁砸脚后跟"的潦倒。痛苦的时候，人生似乎很长，就如失眠的漫漫长夜;快乐的时候，人生又似乎很短，就如洞房花烛夜。

人生，到底是长是短呢?

张爱玲说:"长的是磨难，短的是人生。"待到发如雪，回首望去，当初的自己已如迷失在烟雾中的故乡，消了踪迹，这人生，何长之有呢?! 它看似漫长，其实只在一念之间。

如果你不相信，我们可以先做一道智力题，测测你是否已经被自己所掌握的知识束缚住了。题目是:请挪动其中一个数字(0、1 或者 2)，使"101－102＝1"这个等式成立。注意:只是挪动其中一个数字，只能挪一次，而且不是数字对调。

如果你以前没有看到过这道题，相信你是很难"思考"出答案的，因为我们思考问题的方式本身就是受限的——思想是已知的产物。

数学家华罗庚讲过这样一个故事:

如果我们去摸一个袋子，第一次，我们从中摸出一个红玻璃球，第二次、第三次、第四次、第五次，我们还是摸出了红玻璃球，于是，我们会想，这个袋子里装的是红玻璃球;

可是，当我们继续摸到第六次时，摸出了一个白玻璃球，那么我们会认为，这个袋子里装的是一些玻璃球了;

可是，当我们继续摸，又摸出了一个小木球，我们又会想，这里面装的是一些球;

可是，如果我们再继续摸下去……

我们在一个有限的范围内，接触了一定的类似的概念后，往往会形成

一种思维的定势,并且在一定的范围内似乎它也是没错的,可是如果跳出了这个范围会怎样? 我们面对的是如此浩瀚的世界,你又如何能探尽这个世界?

洛阳的钱思公非常富有,但他生性节俭,用钱谨慎。他有好几个儿子,尽管都已经长大成人,但除了逢年过节之外,他们很难从钱恩公那里得到一点儿零花钱。怎么办呢?

钱思公藏有一个笔架,这个笔架是用珊瑚做成的,造型美观,雕工精细,极为珍贵,是他最心爱的东西。平时,他总是把笔架放在书桌上,每天都要欣赏一番。要是哪一天笔架不见了,他就会心绪不宁,坐卧不安,然后就会悬赏 1 万枚钱寻找这个笔架。

钱思公的几个宝贝儿子很快就摸准了这一点:

如果谁缺钱花了,谁就会偷偷地把笔架藏起来,等钱思公悬赏 1 万枚钱寻找的时候就拿出来,说是从外面的小偷那里追查回来的,于是 1 万枚钱的赏金便到手了。

过上一段时间,如果又有哪个儿子没钱花了,就又会如法炮制一番。这样的事在钱思公家里,一年至少要发生六七次。

这个故事很滑稽,我们不禁要问:世界上怎么会有这么傻的人呢?

其实从行为科学的角度讲,这样的事情在我们的生活当中每天都在发生,这是一个典型的思维定式的案例。也就是说,钱思公之所以会被他的儿子们所愚弄,是他头脑里的思维定式在作怪。

钱思公心爱的珊瑚笔架一次又一次地失而复得,在他的头脑中已逐渐形成了这样一个无形的框框:我这个笔架很值钱,外面的小偷总想把它偷走。只要我悬赏一万枚钱,我的儿子就一定能把它找回来。

思维定式形成之后,人在思考问题时,便会陷入"知其然而不知其所以然"的怪圈,难以看到事物的本来面目。这时候,你所有的聪明才智都会化为泡影,你不仅日渐丧失了分析问题的能力,甚至已不再愿意去对问题进行分析……

其实突破惯有的看问题、思考问题的模式，就像做一条离开水的鱼。真的存在可以离开水的鱼吗？当然有。

非洲有一种鱼，名叫肺鱼，雨季生活在水里，与其他鱼类没什么两样，自由自在地游来游去。旱季来临之后，河里的水干涸了，其他的鱼都干死了，唯独肺鱼还活着。

原来，每当旱季来临，水源干枯之际，肺鱼就把自己埋进淤泥里，好像住进了"泥屋"里，老老实实的，一动不动。它们在自己建造的"泥屋"上留有一个小孔，供自己喘气用。否则，不能呼吸，它们也会毙命。

数月后，雨季来临，河里又有水了。肺鱼钻出"泥屋"，重新畅游在河水里。

印度、缅甸等南亚国家也有一种能离开水的鱼，叫攀鲈，它们生活在沼泽、湖泊里。由于它们能离开水在陆地上行走，所以非常有名，当地人都叫它们"会走的鱼"。这种鱼对水质很挑剔，每当水质变差时，它们就会跳上岸，离开此地，去寻找新的水源。

离开水后的攀鲈行动缓慢，有的被人捉去成了盘中餐，也有的被其他动物吃掉，还有的因为长时间找不到水源而被晒死在途中，但大都找到了新水源，开始了新生活。

面对生存环境的变化，肺鱼是去适应，而攀鲈是去改变。即便都存在风险，它们也义无反顾，在所不辞。当今世界，除了"变"不变之外，一切都在变，而且是瞬息万变。这就要求我们提高应变能力，或者去适应，或者去改变，别无他途。

你愿意成为钱思公这样的人吗？当然不。既然如此，那就以钱思公为鉴，时时给自己以棒喝，保持对思维定式的警觉吧！

第五篇

带着健康奋斗

人们常说:"身体是革命的本钱",如若身体不好,那么所有的理想、抱负、愿望都会成为空想。因此健康成为我们奋斗的基础,奋斗的前提。不管是谁若想在工作上绩效出众,走得长远,成就非凡,就得有计划、有意识地增强体质确保自己的健康。而增强体质确保健康,就要做到科学饮食、运动健身、心理健康、铲除消极情绪,保证睡眠质量,不让健康成为我们奋斗之旅的制约因素。

要创造人生辉煌、享受生活乐趣,就必须珍惜健康,学会健康生活,让健康成为幸福人生的源泉。

健康是奋斗的资本

如果你拥有一辆昂贵的奔驰或是宝马轿车一定会好好爱惜它,除优质汽油外,其他汽油你肯定不会用,并且还会定期维修保养它,以确保它优越的外观和性能。但让人惊讶的是,人们在职场中打拼驰骋的本钱,最宝贵的个人财产——身体,却常常得不到它应有的关注和爱惜。

1. 增强体质

有关部门调查指出,民众的健康状况随着中国经济迅速发展而日趋恶化,而受过良好教育的白领阶层与中高层经理人的情况尤为严重,职场精英的死亡率也在持续上升。造成这一切的主要原因是工作压力太大、缺乏运动以及不良的健康观念和习惯。

身体是人们最为宝贵的个人财产,所有人都要懂得去增强体质以保健康。但大部分人并不懂得珍惜它,时常让自己的身体超负荷工作,长期熬夜,平时还随便乱吃不健康的食物,完全把健康的重要性给忽略了。

在提高工作效率的同时,也要提升自身精力配合工作进行,这样才可能时刻保持耐力持久、精力充沛,以超强的体力和积极乐观的心态去应付繁忙的工作,如此还可以讲求生活与工作的平衡。鉴于此,近几年提倡的健身运动与健康饮食的理念开始慢慢普及。增强体质确保健康具有以下作用:

思路敏捷,头脑清晰,提高记忆力,注意力更集中,让你更胜任工作,有更好的决策能力和工作效率,表现得更为出色。

精力充沛的人,心情会比较好,也更加自信,而自信的人总会给人更加正面的印象,自然有助于事业的发展。

不管是休假还是陪伴家人时去游玩旅行,都能有充沛的体力去享受人生。

有健康,有精力,才会有美好的未来,才能将理想变为现实。增强体质保健康对于每个人都是非常重要的。合理饮食是我们健康的关键。

食物是维持身体机能正常运转,补充身体精力和能量的重要来源,它是我们身体的燃料。我们所吃的食物对身心各方面都有影响,如思考能力、抗压性、情绪、精力、睡眠和整体的健康状况等,从而大大影响我们工作的效率和表现,所以说"你吃什么就会得到什么"。经常吃健康食品,有很多好处:

①思路敏捷,头脑清晰,注意力集中。

②能舒缓压力和紧张,抗压性强。

③精力充沛,身体健康,生命力旺盛。

人会更快乐,更轻松。

2. 合理饮食

健康饮食是一门专业的学问,倘若想深入探讨就可能要学习非常多的科学饮食的理论,同时也要花较长的时间去了解。当然,你如果对这方面很有兴趣又有时间的话,可以好好去研究;但大部分人工作繁忙,没有时间去研究,对于这些人可以参考一些专家提出的健康饮食建议。

专家建议不管多忙都一定要吃早餐。我们在早上起床时身体已经超过十个小时没有进食,此时的血糖浓度处于偏低状态。倘若不吃早餐便开始工作,这样又是连着好几个小时没有吃东西补充能量,肌肉和大脑持续消耗血糖,血糖水平就会继续下降,身体能量就会因为体内没有充足的血糖消耗而大大降低,这样人就会面色苍白,感到大脑昏昏沉沉、四肢无力、倦怠、反应迟钝、精神不振等状况,从而极度影响工作效率。

要注意的是虽然建议人们一定要吃早餐,但要吃健康的早餐。倘若吃下油炸类、蛋白质太高、太甜以及太过油腻的不健康早餐,反而会给人们的身体带来更多的坏处和负担。

下面介绍一些常见的健康早餐:

新鲜水果、果汁、低糖豆浆、低糖果酱。

五谷杂粮粥、燕麦等谷物早餐能在人体内很快分解成葡萄糖,可以调节体内血糖水平,同时能提高大脑的活力。

吐司、全麦面包。

人们在工作时为了高效工作都需要健康、持久的能量。而正确合理的饮食能够帮助你耐力更持久、工作更有精神,进而享受快乐美满的人生。合理饮食保健康要注意下面几方面。

第一,多吃抗疲劳的碱性食物。多吃果仁、菇菌类、海带、新鲜水果(如香蕉、梨、苹果、桃子等)、新鲜蔬菜(如生菜、卷心菜、白菜、菠菜等)。

第二,少吃不健康的食品。少吃腌制类、油炸类、加工类、膨化类以及方便两等食品,这些食品会让人感到精力难以集中,昏昏欲睡,最终导致工作精力下降。

第三,每天喝 8 杯水。1800～2500 毫升大约为 8 杯水的分量(从其他食物如新鲜蔬菜、水果,豆浆等食物中摄取的水分也可以计算在内),可根据你当天的运动量与自身体重进行调整。在我们感到口渴时身体已经脱水很久了,所以不要等到感觉口渴时才去喝水。

3.心理健康身体才更健康

人们所有的财富与成就,均始于健康的身心。由于身体与心理之间的密切联系,心理健康身体才更健康。日常生活中常见的异常心理有嫉妒、焦虑、自卑、轻率、固执、易怒和孤僻等,这些不健康的心理会严重影响人们人际关系的处理,同时还会妨碍工作、事业和家庭的发展与和谐。拿破仑·希尔说:"凡对一切有益于心理健康的事件做出积极反映的人,便是心理健康的人。而有少数人,他们不能适应社会环境,待人接物、为人处世、情感反应和意志行为均与常人格格不入或不相协调,给人一种'脾气古怪'的感觉,心理学上就称这类人患有人格障碍。"

人格障碍患者通常难以正确估价社会对自己的要求与自身应该采取的行为方式;难以正确处理复杂的人际关系,常与周围的人,有时甚至会与亲人发生冲突;他们很难对周围环境做出正确的反应;而对工作也没有责任感,时常玩忽职守,有时甚至会超越社会的伦理道德规范,做出扰乱他人、危害社会或是违反法律的行为。

不同程度的人格障碍患者会有不同的表现,轻者可以过着完全正常的生活,只有同他关系密切的人才会领教他的"怪癖",感觉他无事生非,难以相处;而严重者则会事事违抗社会习俗并且积极表现于外,使他很难适应正常的社会生活,这样连带着身体健康也会受到影响。

形成人格障碍受多方面的原因影响,综合而言即压力,压力形成了人格障碍。一旦人格形成,通常就具有一定的稳定性,并不容易改变。但只要进行各种治疗以及加强自我调适,进而舒缓压力,就可以纠正人格障碍。

不堪重负的压力会让人产生心理疾病,逐渐损毁人的情绪和身体,进而造成身心崩溃。拿破仑·希尔认为:"压力是身体对一切加诸其上的需求所做出的无固定形式反应。"即是说加在身体上的任何负荷,不管是物理因素还是源于心理方面的,都是压力的来源,都会引起"一般适应综合征"。实际上,人们在生活中都必须扮演某种角色,而如果恰好有很多自己不愿扮演的角色存在,就会在无形中产生压力。

拿破仑·希尔曾做过一项民意测验,他列举了43种可能给人们造成压力的生活事件,包括疾病、丧偶、离异、失业、失恋和贫困等,而压力主要又来源于感情与事业两个方面,特别表现在后者。由于直接创造社会财富的是中青年人,他们是社会的中流砥柱,所以他们可能面对的压力会更多。具体来说,中青年人的压力主要有下面两种:

(1)择业压力,就业概率相对较低与学历要求相对较高所带来的压力。

各种潮流、时尚的诱惑所构成的压力,因生活、工作的节奏加快,外部环境对人的诱惑增多,如购房、买车、出国等林林总总的时尚潮流在不

停地诱惑着青年人,但因条件所限,并不是所有的人都能如愿,这也给青年人造成一定的压力。而中年人则可能遇到以下一些压力:

因婚姻生活、感情生活不顺而带来的压力,这包括夫妻感情不和、

丧偶和离异等。

望子成龙心理所带来的压力，孩子出类拔萃是所有家长的愿望，而事实又常常事与愿违，"恨铁不成钢"的感情往往会造成压力。

尽可能自我发展的期望和客观工作环境的差距所形成的压力。

事业上的美好追求和现实间的差距而形成的压力，人到中年通常都认为自己所从事的事业应到了开花结果的时候，但在现实生活中不是所有的人都可以在事业上春风得意，这种理想和现实之间的差距就形成了一种压力。

（2）生理和心理上的压力，人到中年，身体可能会出现这样或那样的各种问题，影响心理从而造成压力。

为避免因心理不健康而引起个人的身心俱疲，我们应该保证自己心理健康，这样我们的身体才会更健康，而身心健康了，工作事业、家庭生活自然也就更顺心。

4. 自我激励，铲除消极情绪

一位成功的化妆品制造商在他65岁那一年退休了，在此后的每一年里他的朋友们都会给他举行生日宴会。每到盛大场面，他的朋友们就会要求他说说自己成功的秘诀，但每次他都笑而不答。直到他75岁生日时，他才缓缓说出自己的成功秘诀："这些年你们对我真是再好不过了，现在我该告诉你们我的成功秘诀。除了别的化妆品制造商所用的公式以外，我还加上了神妙的成分。"

人们问他："这种神妙的成分是什么呢？"

他回答道："我不会承诺任何女士说我的化妆品一定能使她变美丽，但我会给她们带去美的希望。"

原来神妙的成分就是希望！所谓希望即一个人怀着一个愿望，并期望可以获得所愿望的东西，同时他也相信自己是可以得到它的。一个人对自己希望得到的东西可以有意识地做出反应，而这样也可以下意识地对内促力起反应,当自动暗示、自我暗示或是环境暗示使他发出下意识的心理力量时,内促力便可引起行动。也就是说激励的因素可以有各种级别与类型的不同。

人的所有行为均是因受到刺激而产生的,通过不断地自我激励,会让你有一股内在的动力,从而朝着所期望的目标前进,并最终达到成功的巅峰。拿破仑·希尔说:"激励就是鼓舞人们做出抉择并从事行动。"激励可以提供动因,而动因仅是在个人体内的"内部催动",如习惯、本能、情绪、热情、冲动的态度、愿望或想法等都可以激励人行动起来。

每一种结果都有一定的原因,而人的每个行动又都有一定原因——动机的结果。就像希望激励那位化妆品制造商去创建一个有利的事业,希望激励女士们去买他的化妆品,而希望也会激励你努力去创建或获取自己想得到的东西。养成用积极的心态激励自己的习惯,你就可以把握自己的命运。

留得青山在,不怕没柴烧,有了健康的身体,就有了奋斗的基础,有了健康的身体,我们的人生才会快乐前行,才会精彩纷呈,人生才充满了希望。

亲身实践是走向成功的必经之路

在学习中不把知识与实际相结合,再好的知识也就成了一堆废物。

知识的重要性是毋庸置疑的,然而仅有知识是不够的。书本上的东西往往会瑕瑜互见,在学习中我们如果不辨真伪,并且不把知识与实际相结合,那么再好的知识也就成了一堆废物。

美国加州理工学院教授费曼是诺贝尔物理学奖的获得者,他在科学上取得的成就,无不得益于他的动手实验能力和强烈的探究兴趣。

童年时代,费曼就对各种实验特别感兴趣。11 岁时他就在自己家的地下室里开设了一个"实验室"。在这个"实验室"里,他自己动手学会了电灯的并联和串联,学会了把酒变成水,并用这些学会的东西为小朋友们变魔术。

费曼为了搞清楚为什么狗的鼻子特别灵,便亲身实验,自己像警犬一样在地上爬来爬去。结果他用自己的实验证明,狗的嗅觉能力的确强于人,但是人的嗅觉能力也被低估了。他认为由于人的直立行走,使得人的鼻子离地面太远,很难闻到地面上的气味。为了证明自己的观点,他经常向别人演示:他自己先走出书房,让书房里的其他人各自从书架上抽取一本书堆放在一起。在这之后,当费曼走进来时,他能够正确无误地指出哪本书是哪个人碰过的。大家都以为他又在变什么魔术,其实这就是费曼亲身实验的结果,因为人手的气味差异很大,人的嗅觉是可以辨别这些差异的。

一天,费曼坐在研究所的餐厅里,他发现有人在拿餐厅的碟子玩耍,把一个碟子抛向空中。费曼发现,碟子飞出去的时候,边飞边摆动,碟子

上的红色花边也随之转来转去。他被碟子转动的方式吸引住了。他发现当角度很小的时候,碟子上图案转动的速度是碟子摆动速度的两倍。由此,他进一步思考电子轨道在相对状态下的任何运动,研究量子动力学,为以后取得的成就——发现费曼图奠定了基础。

在获得诺贝尔物理学奖后,费曼感叹道:"后来我获得诺贝尔奖的原因,全来自那天我把注意力放在了一个转动的碟子上。"

当你亲身感知学习得来的知识时,最容易引起心灵的震撼,也最容易把知识内化于心,长久地发挥巨大的作用。

达尔文说过:"一项发现如果能使人感到激动,真理就能成为他终生珍惜的个人信念。"而从实践中所学的知识,就能引发这种激动。

著名的生物学家威哥里伏斯深情地回忆他幼年的一件事:"我5岁时,获得了一生中最重要的科学发现,我把一只毛虫关在瓶子里,它吐丝作茧,几天后,在我仔细惊奇地观察下竟出现了一只蝴蝶。"

他把这项发现作为自己"一生中最重要的科学发现"!其实这个发现极其平常,但由于是亲眼所见,由此照亮了这位科学家的心灵,使他真切地感受到了科学的诱人,这对他整个成长、整个人生的价值非比寻常!

总之,要想学得更好,学得更有用,你就得亲身实践。毕竟,你要想知道西瓜的滋味,你就得亲口品尝一下。

心灵悄悄话

> "知识就是力量。"这是耳熟能详的一句话,但是,并不意味着有了知识就有了力量,而是要把书本知识通过实践,变成能力和素质,这样知识才是力量,也才能在你的生活中发生作用,否则你就会像"纸上谈兵"的赵括一样毫无建树。

心理健康身体才更健康

人们所有的财富与成就,均始于健康的身心。由于身体与心理之间的密切联系,心理健康身体才更健康。日常生活中常见的异常心理有嫉妒、焦虑、自卑、轻率、固执、易怒和孤僻等,这些不健康的心理会严重影响人们人际关系的处理,同时还会妨碍工作、事业和家庭的发展与和谐。心理学上就称这类人患有人格障碍。

人格障碍患者通常难以正确估价社会对自己的要求与自身应该采取的行为方式;难以正确处理复杂的人际关系,常与周围的人,有时甚至会与亲人发生冲突;他们很难对周围环境做出正确的反应;而对工作也没有责任感,时常玩忽职守,有时甚至会超越社会的伦理道德规范,做出扰乱他人、危害社会或是违反法律的行为。

不同程度的人格障碍患者会有不同的表现,轻者可以过着完全正常的生活,只有同他关系密切的人才会领教他的"怪癖",感觉他无事生非,难以相处;而严重者则会事事违抗社会习俗并且积极表现于外,使他很难适应正常的社会生活,这样连带着身体健康也会受到影响。

不堪重负的压力会让人产生心理疾病,逐渐损毁人的情绪和身体,进而造成身心崩溃。拿破仑·希尔认为:"压力是身体对一切加诸其上的需求所做出的无固定形式反应。"即是说加在身体上的任何负荷,不管是物理因素还是源于心理方面的,都是压力的来源,都会引起"一般适应综合征"。实际上,人们在生活中都必须扮演某种角色,而如果恰好有很多自己不愿扮演的角色存在,就会在无形中产生压力。

拿破仑·希尔曾做过一项民意测验,他列举了 43 种可能给人们造成

压力的生活事件,包括疾病、丧偶、离异、失业、失恋和贫困等,而压力主要又来源于感情与事业两个方面,特别表现在后者。由于直接创造社会财富的是中青年人,他们是社会的中流砥柱,所以他们可能面对的压力会更多。具体来说,中青年人的压力主要有下面两种:

择业压力,就业概率相对较低与学历要求相对较高所带来的压力。

各种潮流、时尚的诱惑所构成的压力,因生活、工作的节奏加快,外部环境对人的诱惑增多,如购房、买车、出国等林林总总的时尚潮流在不

停地诱惑着青年人,但因条件所限,并不是所有的人都能如愿,这也给青年人造成一定的压力。而中年人则可能遇到以下一些压力:

望子成龙心理所带来的压力,孩子出类拔萃是所有家长的愿望,而事实又常常事与愿违,"恨铁不成钢"的感情往往会造成压力。

尽可能自我发展的期望和客观工作环境的差距所形成的压力。

事业上的美好追求和现实间的差距而形成的压力,人到中年通常都认为自己所从事的事业应到了开花结果的时候,但在现实生活中不是所有的人都可以在事业上春风得意,这种理想和现实之间的差距就形成了一种压力。

为避免因心理不健康而引起个人的身心俱疲,我们应该保证自己心理健康,这样我们的身体才会更健康,而身心健康了,工作事业、家庭生活自然也就更顺心。

放宽心情,战胜情绪低潮

有个法国人到 42 岁时还是一无所成,他也认为自己倒霉到家了:失业、破产、离婚……真可谓祸不单行,他不知道自己的人生意义与生存价值。他对自己也产生了从所未有的不满,这样他使自己变得古怪、易怒、脆弱,他的心情非常低落。一天,他看见一个吉卜赛人在巴黎街头算命,便随意一试。

吉卜赛人拉过他的手仔细端详,然后说:"您是一个非常了不起的伟人呀!"

吉卜赛人的话让他大吃一惊,他说:"什么,我是个伟人,你开玩笑吧!"

吉卜赛人非常平静地说:"您知道您是谁吗?"

他暗想:"我是谁,生活抛弃了我,我是个穷光蛋、倒霉鬼。"但他依然故作镇定地问:"我是谁呢?"

吉卜赛人接着说:"您是拿破仑转世,您是个伟人! 您的智慧与勇气、身体里流的血都是拿破仑的啊! 先生,难道您没有发觉,您的相貌与拿破仑也很像吗?"

他迟疑地说:"不可能吧,我失业了、破产了、离婚了,我几乎无家可归……"

见此,吉卜赛人便说:"先生,那是您的过去。但您的未来可不得了,您如果不相信,可以不用给钱。但您要相信 5 年后,法国最成功的人将会是您,因为您就是拿破仑的化身。"

他装作非常不相信的样子离开了,然而在他的心里却产生了一种从来没有过的伟大感觉。而他也对拿破仑产生了浓厚的兴趣,还想方设法查找和拿破仑有关的书籍来学习。慢慢地,他发现周围的环境改变了,家人、朋友、同事和老板,都换了另一种表情、另一种眼光对待他,似乎所有的事情都开始变得顺利起来。

他后来才领悟到,其实周围的人都没有变,只是他自己变了,他的思维模式、胆魄都在模仿拿破仑,甚至连说话走路都像。他以拿破仑为学习榜样,慢慢放宽了心情,走出了情绪低潮,而变得自信、宽容、向上、果断起来,心境改变了,为人处世自然也变了,而事情也随着心境的改变而变得顺利起来。在他55岁时,也就是13年后,他成了亿万富翁,法国著名的成功人士。他如果没有遇到那个吉卜赛人,又或者那个吉卜赛人没有对他说过那样一番话,激起他的一种伟大感,从而让他不再执着于过去,放宽心情放眼面对未来,相信他是不会有后来的成就的。

人心情的好坏会直接影响到人情绪的高低,而只有高昂的情绪才会有更高的工作热情,因而要学会放宽心情,并战胜情绪低潮。

下面介绍几种放宽心情,调节情绪的妙招。

第一,话疗。美国白宫保健医生曾开过一个健康秘方给布什:话疗,每天夫妻间至少交流两个小时,包括一起共进午餐或晚餐;每周至少要与家人交流15个小时以上。

第二,常笑。相关研究证明,笑可以降血压;笑1分钟能够起到划船10分钟的效果;笑可以减轻沮丧感,释放压力;笑还能够刺激人体分泌多巴胺,让人产生快感。中老年人更应该多听相声,多看漫画、喜剧,多与有幽默感的人接触。

第三,学会宽容。人在社会交往过程中,难免会遇到被误解、受委屈或是吃亏的事情。当遇到这些问题时,最明智的做法是学会宽容。一个只知苛求别人,不会宽容他人的人,非常容易导致神经兴奋、血压升高、血管收缩,从而使生理和心理进入恶性循环。学会宽容即等于给自己的心

理安上了调节阀,收缩有度。

第四,多与朋友交流。澳大利亚研究人员发现,朋友圈广的人平均可延寿 7 年。闲时与朋友聊聊天,不仅可以增长见识,还能够排解心中的烦闷,变得开心起来。而老年人长期独处会造成巨大的社会心理压力,甚至可能会引起免疫功能下降与内分泌紊乱。

心灵悄悄话

　　即便是离退休的老年人,也不该总憋在家里,而应努力扩大生活圈子,多与老朋友聚聚,并试着主动向素未谋面的邻居问好。

铲除消极情绪

希望即一个人怀着一个愿望,并期望可以获得所愿望的东西,同时他也相信自己是可以得到它的。一个人对自己希望得到的东西可以有意识地做出反应,而这样也可以下意识地对内促力起反应,当自动暗示、自我暗示或是环境暗示使他发出下意识的心理力量时,内促力便可引起行动。也就是说激励的因素可以有各种级别与类型的不同。

人的所有行为均是因受到刺激而产生的,通过不断地自我激励,会让你有一股内在的动力,从而朝着所期望的目标前进,并最终达到成功的巅峰。拿破仑·希尔说:"激励就是鼓舞人们做出抉择并从事行动。"激励可以提供动因,而动因仅是在个人体内的"内部催动",如习惯、本能、情绪、热情、冲动的态度、愿望或想法等都可以激励人行动起来。

每一种结果都有一定的原因,而人的每个行动又都有一定原因——动机的结果。就像希望激励那位化妆品制造商去创建一个有利的事业,希望激励女士们去买他的化妆品,而希望也会激励你努力去创建或获取自己想得到的东西。养成用积极的心态激励自己的习惯,你就可以把握自己的命运。

汤姆·霍金斯是全美四大推销师之一,从小他的父亲就期许他可以当一名出色的律师。当汤姆·霍金斯浪费了父亲的毕生积蓄,从律师学校休学回家时,他的父亲流下了失望的泪水,并对汤姆说:"我看你这辈子都不会成功了,汤姆!"汤姆·霍金斯在第二天就离家出走了,然后选择了推销房地产。汤姆在刚进入该行业的前6个月一点业绩也没有。后

来,他用身上仅剩下的100元,参加了一门加强推销技巧的研讨会。再后来,连续8年汤姆都获得了全美房地产的销售冠军,他也变得富有起来,开劳斯莱斯轿车,环游世界,还传授了无数业务员推销的技巧。

　　有人问汤姆·霍金斯成功的原因,他说:"支持我遇到挫折也能勇往直前的是一个信念,即成功者绝不放弃,放弃者绝不成功。"什么都能选择就是不能选择放弃,汤姆·霍金斯成功了是因为他有一个坚定的信念。

心灵悄悄话

　　"成功者绝不放弃,放弃者绝不成功",并以此来不断激励自己,从而让自己铲除自己的不良情绪,不断坚持不断激励,才最终获得成功。

第六篇

保持一颗热忱的心

在职场中，很多人关心的往往是薪酬，而不是工作本身。他们只看薪酬。

在他们看来，薪酬是自己身价的标志，绝对不能低于别人。

一旦他们发现自己的薪酬比最初的预想低，就会在工作中敷衍了事，能逃避就逃避，能偷懒就偷懒。其实，不管是什么样的老板，都喜欢尽职尽责把工作做好的人，喜欢任劳任怨、兢兢业业的人，拿出你的热忱，拿出你的真心，当好运降临时，老板首先想到的就是你。

认认真真做事

百岁诗人臧克家的咏牛之作《老黄牛》可谓脍炙人口，"块块荒田水和泥，深耕细作走东西。老牛亦解韶光贵，不等扬鞭自奋蹄。"如今，"老黄牛"的精神被各界传颂，职场上同样需要发挥这种精神，像"老黄牛"一样认真、踏实，做一个让老板放心的好员工。凡是德胜员工都要遵守一个守则，即每天早上一定要默读这样一句话："我实在没有什么大的本事，我只有认真做事的精神。"认真是做好一份工作的前提，也是成功的必备条件。

小汪在一家五星级饭店的厨房工作，酒店要求每个盘子必须洗够七遍。刚开始，小汪也和其他的同事一样，每个盘子都老老实实的洗够七遍之后，小汪发现这里的经理根本就不检查每个盘子是否洗够了七遍。于是，"聪明"的小汪就"合理"地简化了步骤，每个盘子只洗了六遍就换下一个，这样他的效率就"高"了一些，经理很高兴，奖励了小汪。小汪看这个方法可行，更简化了步骤，之后的盘子只洗五遍，然后是四遍，三遍……直到妒火中烧的同事揭穿了小汪的秘密，小汪最后失去了这份工作。

现实生活中，一般的员工会认为只要完成任务，就可以等着领工资了，有些员工甚至会耍些"小聪明"提前完成任务。但是认真对待工作的员工和马虎应付的员工所造成的工作结果也是不同的，试想，如果小汪的秘密没被发现，他为了"提高效率"每个盘子只洗三遍，只洗三遍的盘子自然没有洗够七遍的盘子卫生、干净。如果饭店的客人因为使用他洗过的盘子而发生不良状况,甚至因此闹出卫生丑闻,饭店为了平息丑闻可能需要多支付一笔不小的费用,更严重的是饭店的信誉必将受到影响,这不是危言耸听,这可能会成为真实的结果。

下面让我们来看看这个真实的故事。巴西海顺远洋运输公司曾经有一条引以为傲的海轮——"环大西洋"号,"环大西洋"号后来因为一次海难事故而永远地沉没于大海。为了使公司员工永远记住这段伤心的往事,避免同类事故再次发生,至今该公司门前仍矗立着一块 5m×2m 的石碑,上面用密密麻麻的葡萄牙语刻着那段令人悲痛而又发人深省的事故。

当由巴西海顺远洋运输公司派出的救援船到达事故地点时,已经看不见"环大西洋"号海轮了,而 21 名船员一个也没有被找到,只有一个救生电台在海面上发着有节奏的求救信号。所有的救援人员都对着平静的大海发呆,他们怎么也想不明白在这个海况良好的地方到底出了什么状况,才会导致这条当时最先进的船只沉没。此时,有人发现有个密封的瓶子绑在电台下,里面有张纸条,上面用 21 种笔迹写着下面的话:

一水理查德:3 月 21 日,我在奥克兰港买了一盏台灯,想在给妻子写信的时候照明用。

二副瑟曼:我见理查德买回的台灯的底座有些轻,就对他说:"这盏台灯的底座有些轻,船晃时不要让它倒下来。"但最终也没有干涉。

三副帕蒂:船在 3 月 21 日下午离港后,我发现救生筏施放器有些问题,便把救生筏绑在架子上。

二水戴维斯:我在离港检查时,发现水手区的闭门器损坏,便用铁丝把门绑牢。

二管轮安特耳:我在检查消防设施时,发现水手区的消防栓锈蚀,想到没几天就要到码头了,到时再换。

船长:起航时,因工作繁忙,我没有看轮机部和甲板部的安全检查报告。

机匠丹尼尔:理查德与苏勒房间里的消防探头在 3 月 23 日上午连续

发出警报,瓦尔特和我进去检查后,并没有发现火苗,便判断是探头坏了;于是,我们把报警器拆掉,并将它交给惠特曼,要求换新的。

机匠瓦尔特:我就是瓦尔特。

大管轮惠特曼:我对他们说我正忙着呢,等会儿拿给你们。

服务生斯科尼:我在 3 月 23 日 13 时到理查德的房间找他,他不在,我坐了一会后,便顺手开了他的台灯。

大副克姆普:我、苏勒和罗伯特在 3 月 23 日 13 时 30 分进行安全巡视,但没有对他们俩的房间进行检查,只对他们说:"你们自己的房间自己检查。"

一水苏勒:我只是笑了笑,并没有进房间检查,而是继续跟在克姆普后面巡视。

一水罗伯特:我也没有进房间检查,而是跟在了苏勒的后面。

机电长科恩:我在 3 月 23 日 14 时发现跳闸,以前也出现过这种情况,因而我没有多想就将闸合上了,并没有去查明原因。

三管轮马辛:我感到空气不好,就先打电话到厨房,在被通知没有问题后,便又让机舱打开通风阀。

大厨史若:我接到马辛的电话时跟他开玩笑说:"我们这里有什么问题,你还不来帮我们做饭?"然后我问乌苏拉:"我们这里都安全吧?"

二厨乌苏拉:我回答说:"我也感到空气不好,但觉得我们这里很安全。"然后就继续做饭了。

机匠努波:我接到马辛的通知后,将通风阀打开。

管事戴思蒙:我在 3 月 23 日 14 时 30 分召集所有不在岗位的人到厨房帮忙做饭,以准备晚上的会餐。

医生莫理斯:我没有巡视。

电工荷尔因:我在晚上值班时跑进了餐厅。

最后是船长麦凯姆的笔迹:我在 3 月 23 日 19 时 30 分发现火灾时,理查德和苏勒的房间已经烧穿了,一切都糟透了,我们无法控制火势,而火却越来越大,直到火蔓延到整艘船;我们每个人都犯了一点错,然而最终酿成了船毁人亡的大错。

　　救援人员看完这张纸条后,都没有说话,望着寂静的海面,似乎清晰地看到了整个故事的发展过程。这是一起非常典型的海上事故,因20多位海员对细小隐患的麻木不仁、粗心大意,擅自离岗串岗,并且缺少对工作严肃认真的态度,从一开始便为"环大西洋"号海难埋下了一连串的事故种子。从这个故事,可以联想到那首熟悉的歌谣:

　　丢失了一个钉子,坏了一只蹄铁。

　　坏了一只蹄铁,折了一匹战马。

　　折了一匹战马,伤了一位骑士。

　　伤了一位骑士,输了一场战斗。

　　输了一场战斗,亡了一个国家。

　　丢了一枚钉子,或许可以立马补上,但若丢了一个国家,就束手无策了。如果我们能够在工作与生活中都做好本职工作中的一点一滴,就可以避免很多类似的损失。

心灵悄悄话

　　不管是事业还是家庭上的成功都不是能一蹴而就的,都需要一点一滴的积累,而只有认真做好生活与工作中的一点一滴,才可能慢慢接近成功。

用心做事

著名成功学大师拿破仑·希尔曾说过,"如果你提供超出你酬劳的服务,那么很快你的酬劳就将超出你所提供的服务。"一个人如果总是纠结于所得工资的高低,那他是看不到工资背后的成长机会的,当然他也不会重视从工作中获得的技能和经验,事实上,恰恰是这些技能和经验决定了他未来的发展。

其实,员工在公司里工作也是在实现自我价值。当员工给公司创造了价值,让自己的服务或是产品达到公司与公司领导的认可与信赖时,公司自然会委以重任,受到老板喜欢。如此一来,员工在公司中的地位与所得薪水自然不会低,而且工作还会很稳定。

美国心理学家德西曾经长期针对世界上一些大型公司的员工进行研究,研究结果表明:

员工并非天生就厌恶工作,只会因为工作而成熟,能力得到更好的开发,也更加独立自主,同时身心也能得到更好地满足。

通过引导,人能够学会接受责任,直至寻求责任;大多数人都有相当程度的想象力、智力和创造力,但在实际工作中,这些潜力往往没有得到充分发挥。

如果公司可以为员工创造和提供机会,调动员工的自豪感和成功感,让员工在满足个人需要的同时,其所负责的工作也能更好地完成。

王小毅在一家广告公司工作了一年多,某天,他愤愤不平地对朋友说:"我在公司学历不是最低的,但工资却是最差的,老板根本就不重视朋友听完他的抱怨之后，问："你对你所在公司的业务清楚吗？公司的运营技巧你都搞懂了吗？"，"没有！"他回答。

朋友进而劝他："你先冷静下来，好好地工作一段时间，把公司的运营窍门、商业文书的写法，公司的组织结构，甚至是怎么写合同这类的技巧都了解清楚再走，岂不更划算！"

王小毅听了朋友的建议之后，一改往日懒散的工作态度，认真对待工作，下班了也不回家，待在办公室研究商业文书的写法。半年之后，偶然碰到这位朋友，朋友问他："现在你肯定辞职了吧？"，"没有，这半年老板好像对我刮目相看了，不但给我提薪，还安排给我更多的任务，我好像成了老板眼里的'红人'了。"他回答。

糊弄工作的人往往只知道为工资而工作，而那些认真做事、热于学习的人却能成为老板眼里的"红人"。王小毅的老板刚开始不重视他，是因为他工作不认真，又不肯努力学习。后来他痛下功夫学习，工作认真了，懂的也多了，能力自然也变强了，而对于这样的一个员工老板当然会更加重用他、器重他。

有一个姑娘，她没有上过大学，也没有什么技能，当她刚进公司时，在人才济济的大公司里她只能做个勤务人员，每天沏茶倒水，打扫卫生，但她并不满足于自己的现状。她给自己定的最大目标是通过自己的努力成为公司里一名合格的销售人员。她每天比别人多花6个小时用于工作和学习。于是，在同一批聘用者中，她通过严格考试转入了专业销售队伍，第一个做了业务代表。接着，同样的付出又使她成为第一批的本土经理，然后又成为第一批去美国本部作战略研究的人。最后，她又成为第一个IBM华南区的总经理，她就是吴士宏。

不能说每一个人都能成为吴士宏，但我们可以从她的个人成长经历中看到,知识的力量,尤其是知识在职场中的力量。多一份执着,多一份忍耐,更多的认真和努力让吴士宏在职场上走得比别人更快、更好、更远。要想成功就需要用心做事,并要坚持不懈地学习,付出的比别人要多,就能更快地达到成功。

如果员工为了自己心目中的目标,根据自我价值判断而工作,自己支配自己,是能够主动将自己的目标同组织的目标统一起来,从而做到两全其美。

做事要尽全力

俗话说:"世上无难事,只怕有心人。"这里所说的"有心人"指的是在做事时能尽自己最大努力,并能发挥自己全部的潜力将事情完成得最好的人。我们只要学会穷尽一切可能、想尽一切办法去努力,那世上就不会有所谓的"天大的难题",而只有因不够努力所造成的遗憾与失败。

事实上,人们在现实中之所以常说世事艰难,多是因为人们并未尽到最大努力。很多时候,人们都认为自己已经尽力,然而事实上人们并未将全部潜力发挥出来。因而,在面对困难与问题时,不应该先说难,而先要问一问自己是否真的已经竭尽全力了?"难"是说服自己、拒绝努力的最好理由,但问题是否真的如此难以解决?

卡特曾经是一名海军军官,一次应召去见海曼·李科弗将军。在谈话过程中海曼·李科弗将军让卡特挑选任何他愿意谈论的话题,将军接着又问了卡特一些问题,结果他被问的直冒冷汗。将军在谈话结束时,又问卡特在海军学校的学习成绩如何,这时卡特立刻自豪地说:"将军,在820人的一个班中,我名列59。"不想海曼·李科弗将军却皱了皱眉头问道:"你为什么不是第一名呢,你竭尽全力了吗?"

将军的这话犹如当头棒喝,影响了卡特的一生。从此以后,卡特不管做什么事情都竭尽全力,最终当选了美国总统。要自己竭尽全力,就是不给自己任何敷衍与偷懒的借口,让自己去经受生活的最大考验。在生活中很多人都无法做到竭尽全力,多是因为收到"我已尽力"假象的迷惑,也就是说他们认为自己已经做到了最好,再往前一步已经是不可能的了。

但这不过是他们不愿接受挑战的借口。

一次，被誉为"把美国带到轮子上的人"的汽车大王亨利·福特想制造一种 V8 型的发动机。但当他将这个想法同工程师进行交流时，几乎所有的工程师都认为这在现实中是绝对实现不了的，这只能是一个美好的设想。虽然每个工程师都这样认为，但福特还是坚持说："要想办法将它制造出来。"

工程师们深感无奈，只得不情愿地开始尝试。"我们无能为力。"这是几个月过后，他们给福特的答案。但福特依然说："继续尝试，直到成功为止。"一年多后，还是没有取得多大的进展，所有的工程师也都觉得不管怎样都应该放弃了。然而，福特说："必须做出来"。就在此时，一位工程师灵感突发，竟然找到了解决的办法。就这样，福特最终制造出了原本被认为"绝不可能"成功的 V8 型发动机。

工程师们原本认为"绝不可能"的事情，最终还是有了解决的方法。这就告诉我们不管做什么事情，一定要先将"不可能"这一思想束缚放到一边；而只要去想自己是不是真的已经竭尽全力去解决问题了。畏惧、恐惧常会让人无法真正冷静地应对出现的问题，甚至可能导致行动瘫痪。但你若不问问题是否困难，而只问自己是不是尽了最大努力，轻装上阵用尽全力挖掘自己的潜能，这样反而容易解决问题，也才可能创造出难以想象的奇迹。

稻盛和夫创办的京都陶瓷公司是日本最著名的公司之一，而他本人也被日本经济界誉为"经营之圣"。京都陶瓷公司在创办不久就接到了日本著名的松下电子的显像管零件采购订单，这笔订单对当时的京都陶瓷公司具有非常重要的意义。但跟松下电子做生意并不是件容易的事情。

虽然松下电子看中新创办的京都陶瓷公司的产品质量好，而给了它供货的机会，但在价钱上却一点都不退让，而且每年都要求降价。有些京

第六篇　保持一颗热忱的心

都陶瓷公司里的员工对此感到很灰心，他们认为公司已经尽力，再也没有利润空间了；这样做根本就无利可图，那还不如直接放弃。稻盛和夫并没有这样认为，他的想法是："松下电子这样做，确实让公司很难做；但若就此屈服于困难而放弃，只不过是在给自己没有尽全力去挖掘潜力来战胜困难而找的借口罢了。"

在稻盛和夫的坚持下，公司经过再三摸索创立了一种名为"变形虫经营"的管理方法。"变形虫经营"的具体做法是把公司分成一个个"变形虫"小组，当作最基层的独立核算单位，也就是把降低成败的责任，落实到每个员工。如此一来，即便只是一个负责打包的老太太，也知道用来打包的绳子的原价是多少，知道浪费一根绳子造成的损失有多大。这样就大大降低了公司的运营成败，最终即使是在满足了松下电子苛刻条件下，也有可观的利润。

在现实中，有些问题确实很难解决，有些人在想了诸多办法后仍然无法解决，便认为已经是极限了，再怎么努力也是没有用的。

心灵悄悄话

但当你真正经过一番奋斗、努力并获取成功后，你便会知道事实上所谓"难"，只不过是自己给自己找的借口。因而，不管你做什么事情，不管有多难，都要尽全力去做，这样才可能成功，才不会后悔。

保持工作热情

　　一个充满激情的人，会显得更加年轻、富有活力，也能得到更大的进步；而一个没有激情的人，则会缺少上进心、缺少燃烧的活力，这样就不会有瑰丽的人生。对于工作激情美国前总统杜鲁门曾谈过他的看法："我研究过很多名人与伟人的生活，发现凡获得顶尖成就的人，无论男女，都有一个共同特点，即对自己手头上的工作，都能投入全部的活力与狂热。"

　　每个已经工作了的人都应该有过这样的经历：刚开始工作或是刚进入公司时，自己感觉缺乏工作经验，为弥补不足，经常早来晚走，斗志昂扬，即便忙得连吃饭的时间也没有，仍然很开心。这是因为工作有挑战性，新员工的感受是全新的，还有是新员工对工作有一份特有的激情。伟人对使命的热情能够谱写历史，而一般的员工对工作的热情则能改变自己的人生。当一个人用全部的热情去做事、去想解决问题的方法时，每天都会尽自己最大的能力去追求完美，几乎没有可以阻挡成功的障碍，而这种热情也会感染周围的人。

　　一位成功的理财专家有过这样一次经历，一家理财杂志社派了一位摄影师到他家里拍照。摄影师一会儿要求理财专家调整姿势，一会儿打光，专家被几经摆布后终于厌烦地抱怨道："我是个大忙人，没有时间在这里磨蹭。"然而这位摄影师还是我行我素，完完全全投入在自己的工作当中，一直到黄昏，拍出他满意的照片才收工。

　　事后，这位理财专家的朋友问他："为什么你可以容忍对方这样侵占

第六篇　保持一颗热忱的心

129

你宝贵的时间呢?"专家回答说:"显然这位摄影师的要求很高,不拍到满意的画面是不会罢休的,而他对工作的那份执着,让我感受深刻,我又怎么忍心去打消他那股热情。"

那位摄影师的工作热情感染了成功的理财专家,所以忙碌的理财专家才会心甘情愿的配合摄影师的工作。如果是一个没有工作热情的摄影师,理财专家是断然不会陪他浪费自己的时间的。这里显示的就是工作热情的魅力。

微软的招聘官曾对记者这样说过:"从人力资源的角度来说,我们愿意招的'微软人'首先应该是一个富有激情的人,也就是对工作、技术、公司都有激情的人。他可以在这个行业涉入不深,年纪也不大,但他有激情,与他交谈后,你会受到感染,并愿意给他一个机会。"

拿破仑·希尔告诉我们,热忱是一种意识状态,可以激励及鼓舞一个人对手中的工作采取行动。热忱还具有感染性,不仅能够对其热心人士产生重大影响,而且也会对与它接触过的人产生影响。热忱是行动的主推动力,也是推销自身才能最重要的因素。人类历史上的那些伟大领袖就是那些知道如何鼓舞自己的追随者发挥热忱的人,而如果将热忱与工作混合在一起,那么那份工作就不会显得很单调或是辛苦。热忱会让一个人的身体充满活力,并让他在睡眠时间不足的情况下,将工作量达到平时的两倍或是三倍,并且不会感到疲倦。

拿破仑·希尔多年来都在晚上进行写作,一天晚上,他正在专注地敲打着打字机,偶然从书房的窗户望出去(拿破仑·希尔的住处在纽约市大都会高塔广场的对面),似乎看到了反射在大都会高塔上最怪异的月亮倒影,那是一种他从来没有见过的银灰色影子。拿破仑·希尔又仔细观察了一遍,才发现那是清晨太阳的倒影,并非月亮的。虽然拿破仑·希尔工作了一整夜,但因为太专心于自己的工作,使得漫长的一夜好像只是一个小时,转眼间就过去了。他又接着工作了一天一夜,这期间除了停下吃点食物外，从未停下休息过。如果拿破仑·希尔不是对手里的工作充满热忱，从而让身体充满精力，他是不可能一连工作一天两夜，而丝毫感觉不到疲倦的。

热忱是股重要、伟大的力量，可利用其来补充自身的精力，还能发展出一种坚强的个性。有些人非常幸运天生就拥有热忱，而另一些人则需要通过努力才能够获得。获得热忱的过程很简单，只需要从以下两方面入手：

提供自己最喜欢的服务，或是从事自己最喜欢的工作。

若是目前还无法从事自己最喜欢的工作，那就将自己最喜欢的这项工作，作为自己最明确的目标。

可能由于各种原因，你目前所从事的工作并不是自己所喜欢的，然而没有人可以阻止你决定自己一生中的明确目标，也没有人可以阻止你去实现这个目标，更没有人可以阻止你将热忱加入你的计划中。"你有信仰就年轻，疑惑就年老；有自信就年轻，畏惧就年老；有希望就年轻，绝望就年老；岁月使你皮肤起皱，但是失去了热忱，就损伤了灵魂。"这句话是卡耐基与麦克阿瑟将军共同的座右铭，也是对热忱最好的赞美。在工作中加入热忱，会让你的工作更有趣味，而热忱能够带你走向成功。

一个人的才干与能力，是拿破仑·希尔在评估这个人时的主要参考因素，但他还相信考量这个人深藏的热忱也非常重要。这是因为一个人如果有热忱，就几乎所向无敌了；即便没有能力，却拥有热忱，还是能够让有才能的人聚集到这个人身边来。

一个人不管从事什么工作，在什么职位，如果每天都以冷漠的态度对待自己的工作，那么无疑这份工作就会越显得累人、困难。将工作当成是"无聊的苦差事"，又怎么指望工作可以"顺心如意"呢？

有句俗话说："潮湿的火柴无法点燃。"热情对于一个人来说就像生命一样重要，我们凭借着热情，能够将枯燥乏味的工作变得生动有趣，让自己充满活力，同时还能培养自己对事业的狂热追求；我们凭借着热情，

能够释放出巨大的潜在能量,并能发展出一种坚强的个性;我们凭借着热情,能够获得公司领导的提拔与重用,获得珍贵的成长与发展机会;我们凭借着热情,能够感染周围的同事,使他们理解你、支持你,从而建立良好的人际关系;我们凭借着热情,还能够想出更多战胜困难的方法,从而获得成功。

　　一个缺乏热情的人是不可能始终如一并高质量地完成自己工作的,也更不可能做出创造性的业绩。你如果没有了热情,就不可能在职场中成长、立足,更不可能有充实的人生与成功的事业,成功也就无从谈起了。

　　从现在开始,不要再计较手中的工作是否无味、困难,要对它倾注你全部的热情,这样你才有可能成功。热忱是一种状态,能让一个人变得专注,善于集中心志;它还能让一个人释放出潜意识的巨大能量。热忱是成就事业与成功的源泉,一个人的意志力与追求成功的热忱越强,那么他成功的概率也就越大。

奋斗——沉舟侧畔千帆过

用你的热忱感染其他人

拿破仑·希尔有过这样一个经历,一次,一个推销员来拜访他,推销员希望他能够订阅一份《周六晚邮》。推销员将《周六晚邮》放到拿破仑·希尔面前,暗示拿破仑·希尔该怎样回答他的这个问题:"你不会为了帮我而订阅《周六晚邮》,是不是?"答案是肯定的,拿破仑·希尔一口拒绝了。因为那个推销员自己让拿破仑·希尔轻易就可以予以拒绝,拿破仑·希尔说:"他的脸上充满沮丧与阴沉的神情,而且他的话中也没有热忱。不容置疑的是他急需从我的订费中赚取他的佣金,但他没有说出任何可以打动我的理由,所以他没法做成这笔交易。"

几个星期后,又有一位推销员来拜访拿破仑·希尔。她推销的杂志有6种,《周六晚邮》也在其中,而她的推销方法与前一个大不相同。这个推销员先是看了看拿破仑·希尔的书桌,她发现书桌上摆着几本杂志;接着,她又看了看他的书桌,忍不住惊呼:"哦!我看得出来,你很喜爱阅读各类书籍与杂志。"对于这种方式拿破仑·希尔非常骄傲地接受了。

拿破仑·希尔在这位女推销员刚走进来时,正在看手里的一份文稿,这时他放下了手中的稿子,想听听这位推销员将要说些什么。其实,这位推销员用短短一句话,一个愉快的笑容,以及真正热忱的语气,就已成功地让拿破仑·希尔准备好要去听她即将说的话。她用一句短短的话就完成了最困难的工作,这是因为在她刚走进书房时,拿破仑·希尔就已下定决心绝不放下手里的书稿,以此来礼貌暗示她:他很忙,不想受到打扰。

拿破仑·希尔本身就是一个销售话术和暗示原则的学习者,因而他密切注意,并想要知道她的下一步行动。推销员的怀里抱着一大堆杂志,拿破仑·希尔本以为她会将它们展开，并开始催促他订阅这些杂志。然而，她没有这样做，而是走到书架前，并取出一本爱默生的论文集。她在之后的10分钟里，都在不停地谈论爱默生的那篇"论报酬"，而且谈得津津有味。这让拿破仑·希尔不再去关注她所带来的杂志，拿破仑·希尔说："她在不知不觉中，给了我很多关于爱默生作品的新观念，让我获得了一些宝贵的资料。"

随后，她问拿破仑·希尔："你定期收到哪几种杂志?"她在拿破仑·希尔向她做完说明后，脸上露出了微笑，并将她的那些杂志展开放在拿破仑·希尔的书桌上，并一一分析起这些杂志，同时还向拿破仑·希尔说明为什么他应该每种都要订一份。《美国杂志》能够向拿破仑·希尔介绍工商界领袖人物的最新生活动态;《文学书摘》会将新闻以摘要的形式介绍给拿破仑·希尔，这种服务方式最适合像他这样的大忙人;而《周六晚邮》则能够让人欣赏到最为干净的小说等。

拿破仑·希尔的反应并不像她想象中的那样热烈。于是，她进而向拿破仑·希尔提出了一项温和的暗示："像你拥有这种地位的人物，一定要知识渊博、消息灵通，若非如此，也一定会在自己的工作中表现出来。"她的话的确有道理。

拿破仑·希尔后来回忆说："她说的话是一种温和的谴责，也是一种恭维。她让我觉得有些惭愧，她早已调查过我所阅读的材料，她所推销的那6种畅销杂志我的书桌上并没有。"在推销员说完她那句温和的暗示后，拿破仑·希尔就开始"说溜了嘴"，他问推销员："订阅这6种杂志一共需要多少钱?"她并没有直接回答，而是巧妙地说："多少钱? 啊，这整个数目也比不上你手里那张稿纸的稿费呢!"她再一次说对了。

她之所以能够这么准确地猜出拿破仑·希尔的稿费，是因为她早就知道了。巧妙地引导拿破仑·希尔将自己的工作性质说出来，是她推销方法的一部分。这位女推销员在走进拿破仑·希尔书房后不久，他便将手里的稿纸放到了桌上，而她则对此非常有兴趣。因而，在与拿破仑·希尔交谈的过程中，她便诱导他去谈论这方面的事情。而拿破仑·希尔在谈到自己的原稿时,曾承认说这 15 张稿纸能够使自己取得 250 美元的收入。

就这样,这位女推销员赢得了她这次推销的全面胜利,她说服了拿破仑·希尔订阅这 6 种杂志,还有 12 美元的订报费。另外,她在征得拿破仑·希尔的同意后,又利用巧妙的"暗示"与"热忱"在他的办公室进行推销,并说服了他的 5 位职员订阅她的杂志。拿破仑·希尔说:"在她待在我书房的那段时间里,都没有给我留下这样一个印象,即我订阅她的杂志是在帮她的忙。而刚好相反,她让我有了她是在帮助我的感觉。"这就是一种极为巧妙的暗示。

可以说"暗示"是一种原则,你的行为、言论甚至是意识状态,均是经由该原则而影响到其他人的。如果你的意识由于受到热忱的刺激而剧烈振动,那么该振动将会自动记录在所有相关人的意识里,特别是那些与你有过密切接触的人。

用你的热忱感染其他人,这样别人才会愿意听你说,才会相信你,你也才有更多的机会推销自己或是自己的产品,你离成功也更进一步,就像上面成功的女推销员一样。

心灵悄悄话

当你用真挚的热情感染他人的时候,会使你在奋斗的路上更受欢迎,从而提高你成功的概率,使你在辛苦的奋斗之路缩短几年。

第七篇

合作奋斗

在生活和事业中,不管是谁都不是孤立的。如今是一个需要信息共享、共赢、共生的时代,不管是谁都要学会怎样充分利用别人的资源为己所用,怎样与别人利益共享、风险同担,怎样和别人达成共识,团结合作,才能在竞争激烈的社会中赢得更多的机会,立于不败之地,赢得更多的成功。

良好的人际关系会给人带来精神上的慰藉和支持,增强战胜困难的勇气,在良好的人际关系中成长起来的孩子,长大以后更可能成功。因为它们具有良好的团队精神。

学会与人合作

如果你无论做什么事情,心中都只想到自己或是自己所在部门的利益,从而旁若无人地做出什么决策或是决定。这样只能说明你过于自我,心中只有自己,没有别人,没有想过自己的决定会给被人带来什么样的影响或麻烦。事实上,与其说这样的人自私,还不如说他们不善于与人合作、不懂得与人合作。

有个人遇到一位天使,天使对他说:"我带你到地狱和天堂去看看吧。"那人听后便兴奋地随着天使去了。他们首先来到了地狱,地狱里一圈瘦骨伶仃的人围着一锅肉汤,一脸饿相。他们手里都有一只能够够到锅里的汤勺,然而他们的手臂都没有汤勺的柄长,他们无法将汤送到自己的嘴里,便只能干望着肉汤哀叹了。"走,我再让你看看天堂。"天使带着那个人来到了另一个房间。这里看起来与地狱没有什么区别,一样的长柄汤勺、一群人、一锅汤,但每个人都身宽体胖,而且还在快乐地唱着幸福的歌。

"为什么地狱的人喝不到肉汤,而天堂的人却可以呢?"那个人不解地问道。天使微笑着回答说:"很简单,因为天堂里的人是喂别人吃的。"

虽然故事很简单,但却蕴含着强烈的警示意义和深刻的社会哲理。一样的设备、一样的条件,有些人能将它变成天堂而有些人却将它变成了地狱。这关键就在于一个选择与人合作,以获得共同幸福;另一个选择独霸利益,结果却是适得其反。

生长于美国加州的红杉是世上现存最高大的植物,它的高度大约为100米,相当于30层楼高。通常而言,植物长得越高,根也扎得越深,然而科学家却发现红杉的根只是浅浅地浮在地表。红杉的根浮于地表便可快速而大量地吸收赖以生存的水分,从而可以快速茁壮地成长。但高大的植物如果根扎得不够深,就会变得很脆弱,只要一阵大风,它就可能被连根拔起。

红杉之所以能长得如此高大而屹立不倒,是因为没有一棵红杉是单独生长的,它一定都是生长在一大片红杉林中。这一片红杉的根紧密相连,一棵连着一棵,连成一大片。这就让红杉牢牢地粘在了地面,即便是威力无比的飓风,也撼动不了几千棵根部紧连,占地超过上千公顷的红杉林。除非强到可以掀起整块地,不然再也没有什么自然的力量能够动摇红杉。

红杉的生存方式告诉我们,成功需要依靠别人,而不仅仅是自己的强大,帮助更多人成功,自己才会更成功。又如一盘散沙,即使它金黄发亮,也基本没有什么作用。但若是将它与水泥结合在一起,却能盖成一座座的高楼大厦。单人的力量就如散沙般无力,而只要与人合作,便会产生意想不到的变化,变成一个有用之才。

每个人都应该懂得合作,懂得向成功者学习,吸取他们的经验,学习他们为人处世的态度。学会与人合作要注意以下几个方面。

第一,懂得以诚相待,相互尊重。相互使心眼是合作双方最忌讳的事。合作伙伴就是拴在一条线上的两只蚂蚱,一荣俱荣,一损俱损。因而,在与人合作时,要以诚相待,相互尊重,团结一致化解一切问题与困难。

第二,要有双赢意识。大家合作的目的是通过双方的共同努力,以取得共同的成功,从而获得利益。你如果只是自私地想自己成功,而不顾他人利益,这样是没有人愿意与你合作的。

第三，应大度宽容，求同存异。在合作过程中，难免会产生些矛盾，出现一些分歧，但既然选择了一起合作就应该珍惜合作机会，相互谦让一下就过去了。如果双方都得理不饶人，就可能将小分歧变成大矛盾，这样最终双方都会受损。

心灵悄悄话

要让自己能够不断地前进，每个人都应该学会与人合作，养成良好的合作习惯有助于人们事业成功。与人合作一来能够形成一股合力，二来能够弥补自己的不足。

互相合作有助于成功

　　曾经，一位长者赐给两个非常饥饿的人一篓鲜活的鱼与一根渔竿。其中一个人要了那根渔竿，另一人则要了那篓鱼，然后他们分道扬镳。得到渔竿的人继续忍饥挨饿，他提着渔竿艰难地向海边走去，但他最后的一点力气在看到不远处那片蔚蓝的海洋时用完了，他带着无限的遗憾离开了人间。而另一个得到鱼的人则在原地用干柴烧起火煮起鱼来，极度饥饿的他狼吞虎咽，几乎没有品出鱼的肉香，转眼间他就连鱼带汤吃了个精光，不久后就饿死在了空空的鱼篓旁。

　　后来，长者同样赐给两个饥饿的人一篓鱼和一根渔竿。但他们没有像前两位一样选择各奔东西，而是决定一起去寻找大海，而且他们每次都只煮一条鱼。经过长途跋涉，这两人终于来到了海边，他们从此过起了以捕鱼为生的日子。他们在几年后都盖起了属于自己的房子，并有了各自的妻子和儿女，还有了自己建造的渔船，都过上了幸福快乐的生活。

　　故事中的人都只顾眼前利益，不懂合作，最终都因饥饿而死。而后两个人则聪明得多，他们想得更为长远，也知道双方合作所能带来的利益；他们靠着双方的努力合作最终都过上了幸福的生活。从这则故事中，我们能够看到互相合作有利于成功，而各顾各的则可能一事无成。

　　一名恶毒的农妇死了，她在生前一件善事也没有做过。鬼差将农妇捉去，扔进了火海里。她的守护天使站在那儿，拼命想着她做过的善事，好为她去向上帝求情。天使在那儿想了很久，终于回忆起来，便对上帝说："她曾拔过菜园里的一根葱,施舍给一个乞丐。"上帝听后说："那好吧,你就拿着那根葱,到火海边把她拉上来。如果你能将她从火海中拉上来,她就到天堂去。而葱如果断了,那她就只能继续留在火海里。"于是天使跑到火海边,伸给农妇一根葱,并对她说："喂,女人你抓住了,我拉你上来。"天使开始小心地拉农妇,差点就拉上来了。火海里其他的罪人看了也想跟着上来,农妇却用脚踢他们,说："人家拉的是我,不是你们。那是我的葱,不是你们的。"妇人刚说完这句话,葱就断了,她再次落入了火海,天使也只能伤心地走了。后来,农妇才知道,其实那根葱是可以拉很多人的,上帝只不过是想借此考验她一下,然而农妇没有经受住考验。

有竞争并不就是说要放弃合作,在合作中竞争,在竞争中合作,才能为双方营造一个优良的竞争环境,促进双方共同发展。故事中的农妇固守个人之私最终失去了生的希望,而哈默因关照他人而赢得了市场。合作共赢已经在当今的市场竞争中得到竞争各方的普遍认识,当然,这并不是说我们要放松任何一个克制竞争对手的机会;但很明显选择互相合作无疑更有助于成功。

心灵悄悄话

那些总想在竞争中出人头地的人如果知道,关照别人需要的只是一点点的理解和大度,却能赢来意想不到的收获,那他一定会后悔不迭。关照是一种最有力量的方式,也是一条最好的路。

换位思考,获取合作机会

一个常年在田间劳动的农民觉得自己的劳作太辛苦,特别是在炎热的夏天,更是感到苦不堪言。农民每天去劳作的路旁矗立着一座庙,他经常看到一个和尚悠然地摇着蒲扇坐在山门前的树荫下纳凉,他非常羡慕这个和尚的舒适生活。

有一天,农民告诉他的妻子,他想到庙里去做和尚。农民的妻子非常聪明,她没有进行强烈反对,只对农民说:"出家当和尚可是件大事,你去了就不会回来了,我平时做得比较多的是织布之类的家务事,对田间方面的事不是很了解。从明天开始,我和你一起到田间去劳动,一来向你学些以前没做过的农活,二来早些做完当前重要的农活,你就能够早些到庙里去了。"

从此后,这夫妻两人同出同归,妻子为了不耽误时间,中午则会提前回家做了饭菜再送去,两人在庙前的树荫下同吃。时间过得飞快,完成了田里的主要农活后,选择了吉日,农民的妻子帮他将贴身的衣服洗洗补补,打个小包,并亲自将农民送到庙里,同时说明来意。庙里的和尚听后非常诧异地说:"我看到你们,同出同归,中午的饭在田头同吃。有说有笑,做事有商有量,无比恩爱。见你们过得如此幸福,我已经羡慕得决心还俗了,为何你反而要来做和尚?"

这则故事表现的不仅仅是农民妻子的聪明贤惠,还体现了换位思考的道理。妻子先是站在了丈夫的角度去思考他要做和尚这件事,并给予理解,然后用行动来表明她的理解与支持。这样就不会加深他们夫妻之

间的矛盾,也更有希望让农民打消做和尚的念头。所谓换位思考,即人对人的一种心理体验过程,它是双方设身处地、将心比心达成理解不可或缺的心理机制。换位思考在客观上要求人们将自己的内心世界,如思维方式、情感体验等同对方联系起来,站在对方的立场上思考和体验问题,以期待与对方在情感上得到沟通,从而为增进理解奠定基础。换位思考是一种关爱,是一种理解,也是自我学习的好方法。一个人如果可以站在对方的立场上考虑问题,就能够比较客观、公正地看待问题,也能够防止主观片面;对人就会比较宽容,而对自己也能做到知足常乐,这样别人也才更愿意与你合作。

　　一个畜栏里关着一头奶牛、一头绵羊和一头猪。一天,猪被牧人从畜栏里捉了出去,这时猪开始大声嚎叫,并强烈反抗着。奶牛和绵羊对于猪的号叫感到不可理解也有些讨厌,便抱怨说:"牧人也经常把我们捉去,但我们可没像你这样大呼小叫的。"而猪听后立即回应道:"捉我和捉你们根本不一样,他捉你们只不过是要你们的乳汁与毛,但捉我却是要我的命啊!"

　　牛和绵羊之所以不理解猪的号叫,是因为它们的立场不同,感受不同,经历也不同。从牛和绵羊自身的经历来说,被牧人捉出去没有什么大不了的,然而对于猪来说却是致命的,如果没有从猪的角度出发去看待这件事情,自然是无法理解猪的行为。所处环境不同,立场不同,要了解对方的感受是很难的。因而,面对他人的伤痛、挫折和失意时,我们应该进行换位思考,用一颗宽容的心去关心、了解他人。

　　拿破仑·希尔就曾指出要试着去了解别人,并从他的角度来看事情。善于站在他人的角度看问题的人能创造生活奇迹,更容易得到友谊。也许别人是完全错误的,但他自己并不这么认为,因而,不要责备他,要试着去了解他。别人会那么想,肯定有他的原因。这时应该将隐藏的原因查出来,这样你就有了解答他的行为或是他个性的钥匙,这样才能更好地与他沟通,更好地解决问题。

一对夫妻坐车去山上游玩,中途下车。后来听说车子在他们下车后没走多远,就遇到了小山崩塌,车上其余的乘客全都丧命了。妻子说:"我们真幸运,及时下了车。"丈夫说:"不,是因为我们下车,车子停留,耽误了他们的行程。否则,便不会在恰巧在那个时刻经过山崩的地点了……"

设身处地地为他人着想是换位思考的实质,这就是说要想他人之想。我们都有被误解、被冒犯的时候,对此如果耿耿于怀,心中便会有解不开的疙瘩;而我们如果能够深入了解对方的内心世界,也许就能达成谅解,只要没有涉及原则性问题,一般都是能够谅解的,谅解是一种理解、一种宽容、一种体贴、一种爱护。

心灵悄悄话

试着忠实地让自己置身在别人的处境,你若对自己说:"我若处在他的情况下,会有什么反应,什么感觉?"这样你就能节省许多的苦恼,同时还能增加你在为人处世上的技巧。

寻找同行合作，优势互补

一个人不可能什么都懂，样样精通。而在现实生活中，很多事情是需要与别人合作才可能完成的。这是因为不同的人生活、生长的环境不同，他们接受的思想、对事情的看法自然也不同，而不同的人会有不同的长处。

每个人都有自己的优缺点，只要能够取人长、补己短，互相合作就会变得完美，就像5根手指一样，它们各有所长，也各有所短，分开来都很容易被打倒，而它们合作在一起就成了一个手掌可以灵活的做很多事情，也能更好地发挥自己的长处。

越国人公石师与甲父史各有所长。公石师处世果断，但缺少心计，常犯疏忽大意的错误；而甲父史善于计谋，但处事优柔寡断。他们两人的交情很好，所以他们常取长补短，合谋公事。虽然他们是两个人，但却好像只有一条心。无论他们俩一起去做什么，总能心想事成。后来这两人因在一些小事上发生冲突，吵完架后便不再理睬对方。而他们在独自做事时，总是屡遭失败。

一个叫密须奋的人听说公石师与甲父史不和后感到非常痛心，便规劝两人说："你们听说过海里的水母吗？它没有眼睛，要靠虾带路，而虾则分享水母的食物，它们是相互依存，缺一不可的。寄生蟹是一种很小的蟹类，通常他们会寄生在某种贝类动物上，将其腹部当作巢穴。贝类动物饿的时候，就靠蟹出去觅食。蟹觅食回来后，贝类动物有了能吃饱的食物，而蟹则因为有了巢穴而得以安居。这也是一个互相合作，优势互补的例子。北方有一种肩并肩长在一起的'比肩人'。他们交替看东西，轮流吃喝，一个死了另一个也就活不成了，一样是两者不可分离。你们俩与这'比肩人'十分相似，而你们的区别在于'比肩人'是通过身体，而你们则是通过事业紧密地联系在一起。既然你们独自处理事物时连遭失败，为什么不和好，与从前一样呢？"

公石师和甲父史听了密须奋的劝解后，颇有感触地说："若非听了密须奋的这番道理，我们仍然会单枪匹马受更多的挫折呀！"于是，两人重归于好，重新在一起合作共事。

自然界中有许多生物个体的能力有限，因此它们需要寻找同伴合作，优势互补，从而更好地生存下去。人也一样在激烈的竞争中，所谓"金无足赤，人无完人"。寻找同行进行合作，以优势互补才可能将事情完成得最好；人与人之间只有坚持团结合作，优势互补，才可能赢得一个又一个的胜利。

独木难成林，现代社会进入合作共赢的时代，没有合作意识的个人难以成功，没有合作观念的公司难以有大的发展。

懂得互惠双赢

朋友间交恶的一个重要原因是：其中一方见不得另一方好，不知道欣赏他人。多算计、少合作的结果会导致大家都不开心，在大多数情况下，双方合作好过于双方背叛。

资源是合作的基础，吸引你的肯定是你在乎的东西，为了能很好地与他人合作，也为了能给自己创造更多的机会，每个人都应该非常清楚地了解自己的资源，同时还应该让别人知道你做人的原则。

心存感激之心是成功的第一步，不仅要对自己的现状心存感激，对于他人为你做的一切也要怀有敬意与感激之情；同时还要懂得及时回报他人的善意而不嫉妒别人的成功，这样不仅能够赢得必要且有力的支持，而且还能防止陷入不必要的麻烦。

你如何对待他人，他人也会如何对待你。要知道行为孕育行为，你对我不友好，我也就不可能对你友好；而你对我友善，我对你也就会友善，此即心理学中所说的互惠关系定律。人其实是三分理智七分感情的动物，人际关系可说是善意的关系。

不管是在工作还是在生活中都不可能永远的风平浪静，人们很多时候要面对各种各样的矛盾，跟亲朋好友的、跟上司的、跟同事的，甚至和餐厅里的服务员等。矛盾既然无法避免，人们就该学会怎样去化解矛盾。如果是与亲戚朋友产生矛盾，先要找出矛盾的原因，再用相应的方法解决，有时可能错不在你，但如果你认错别人反而会不好意思，一笑而过，矛盾也就化解了。

如果与你产生矛盾的是公司管理层人员或上司时，要注意他们不会很关心谁是谁非,他们往往更关注谁处于被动位置,而谁能更好地掌控局势。

这时,你只需客观、公正,同时简单地说明事实,即可化解潜在的危险。在这种情形下,你就可以将较为复杂的形势转变为客观事实,并以真正中立者的身份去聆听到底发生了什么。这也就是说,你要学会多聆听,还要学会控制,切忌为自己辩解。

在化解矛盾的过程中,还要学会了解、克服这些困难,这样才能在对抗各种矛盾、冲突时做到游刃有余。下面介绍几种化解矛盾的技巧。

第一,四两拨千斤,巧妙化解循环性的挫折行为。倘若有位同事因工作受挫而在你面前不停地重复同一行为,你很快会发现自己也进入了一个无法停止的恶性循环。如果出现这种情况,可能会让对方觉得你没有在认真听他说话,而心生怒气,以致产生矛盾。此时就不应只简单回应他几句,而应仔细聆听对方讲话的重点,并做出总结,同时告诉他。如此,他便知道你并非在敷衍他,这样也就能继续进行你们之间的对话。

第二,适可而止,及时中止话题不连贯所导致的矛盾。很多人都遇到过这样的事情,你正跟他人解释一件事,而忽然发现好像自己进入了一个迷宫,而且还不知道是怎么进去的。出现这种情况,一般是因为被别人打断引起的。因此,你如果发现自己在说话的时候被人打断,使话题变得没有什么意义,立即停下来是最好的办法。告诉打断你的人,你非常同意他的说法,如此即可中断没有意义的话题,而继续进行更有意义的话题。

第三,避开风头,暂时终止激烈的对话。在交谈过程中,对方如果情绪激动,只顾自己说自己的,你应该试着停下来,给对方一些冷静思考的时间。有时可以通过停下来,以让话题重新回到轨道上。

第四,避开第三者,以免在他人面前受到公然羞辱。为避免在其他人面前被公然羞辱,一些较为激烈的争论应私下进行,但有时仍然难以避免。因此,你如果知道将要打交道的人较易被激怒的话,则最好在私下进行。

第五,以不变应万变,用平常的声音克制对方大发雷霆。你如果惹得

别人暴跳如雷，就不该用与一样的声调来说话，这样看起来是要和对方吵架，更易激怒对方，这时要用较低的声音去回应他。低声回应还可以传递给对方这样一个信息，即他的声音太大了，让人无法忍受。如此，对方很快便会压低声音，从而让谈话回到正轨。

心灵悄悄话

　　　如果你有对别人有用的信息却不与别人交流，这样别人有对你有用的信息也就不会告诉你。要做到资源共享，实现互惠双赢的原则。

第七篇　合作奋斗

第八篇

怀有一颗进取的心

绝大部分的老板都希望也要求员工有积极进取的冒险精神,因为只有这样的员工才能够让他的企业有更好的发展,而那些安于现状的员工只能"垫底",老板对这种人很放心,但绝没有欣赏。

老板喜欢善于同危机周旋的员工,虽然在表面上没有特别的褒奖,但在老板心底早就将员工分成了不同的等级。

在他心中具有特殊地位的肯定是那些具有冒险精神的员工,因为这类员工可能会给公司带来不可预知的利益。

进取心才可能成功

做任何事情都应该要有进取心，如果没有进取心将一事无成。要懂得以平常心做人，以进取心做事。拿破仑·希尔曾说过："进取心是一种非常难得的美德，它可以驱使一个人在被吩咐应该去做什么事之前，就能主动地去做应该做的事。"而胡巴特也对进取心做过这样的说明："这个世界愿对一件事情赠予大奖，包括金钱与荣誉，那就是'进取心'。"

有人问3个同在工地上砌房子的人在做什么，第1个人回答说："我在砌房子"，第2个人回答说："我在构建美丽的建筑"，而第3个人说："我在为这座城市的房地产建设而努力"。若干年后再看这3个人，第1人依然是砌房子的工人，第2个人成了一名建筑设计师，而第3个人则成了一家房地产公司的老总。这则小故事说明做事的态度决定了收获的成果，将工作当作一种事业来做，收获的就不仅是工作，而是一份事业了。把工作当成事业来做，自己积极进取，一定能带来不错的成绩。

约翰和卡特都是报童，卡特工作热情不高，每天都无精打采地沿街叫卖。而约翰则喜欢动脑子，除沿街叫卖外，他每天还会坚持去一些固定的场所，先把报纸分给大家，过一会再收钱。约翰的报纸渐渐越卖越多，而卡特却每况愈下，不得不另寻生路了。

一个人拥有进取心，也就意味着他具有开拓精神；具有开拓精神就说明对现实有忧患意识，而对未来也就具有冒险精神。老板对这样的人才会委以重任。安于现状的人在工作上可能不会出太大的差错，但在老板心中他是一个没有进取心的人，而且一家公司也不需要太多这样的人。如果公司以增长为目标，需要的是把眼光放在未来、不安于现状的员工。

在年少时期冒险精神是因好奇而尝试，是因无知而产生的一种行为，是正常的人性本能。随着年龄渐长，人们因被遇到的挫折折磨得痛苦，就渐渐收藏起冒险精神，认为这样就能够避开挫折。其实，即使将冒险精神收藏起来，人生一样会遭遇各种形式的挫折。因此，思想成熟的人应该能清楚分辨哪些事情不能碰，哪些事情可以做，而不再像年少时那样无知乱闯。冒险精神是生命中的一项重要元素，不可将它埋没，而应该适当地运用它，慢慢你会发现它是一项前进的推动力。是否具有冒险精神也是一个员工人格魅力与思考能力的表现。

没有进取心的人不但事业无成，也得不到重用。你如果想成为一个具有进取心的人，就要克服拖延的习惯，将这个不好的习惯从自己的个性中除去。可以用下面几个方法来克服拖延的习惯。

> 每天主动去完成一件明确的工作，不要等待别人的指示。去寻找对别人有价值的事情来做，每个人至少要找到一件，并且不要期望获取报酬。

逆境中不屈服才可以创造奇迹

在绝望中依然可以追寻希望之花的人是值得让人敬佩与振奋的。而且这样的人必定能在绝境中找到新的出路,开始自己崭新的人生。奥斯特洛夫斯基曾说:"人的生命,似洪水在奔流,不遇到岛屿、暗礁,难以激起美丽的浪花。"

世界童话之父安徒生生于 1805 年,出生在欧登赛城一个贫苦的鞋匠家庭。由于家里贫困请不起老师,他的父亲就自己给小安徒生上课,教他哲理,让他学会写作,懂得怜悯,也懂得了世间情怀。

安徒生的父亲在他 11 岁时病逝了,南于酷爱文学,他独自一人去丹麦首都哥本哈根,从而开始他在艺术领域的奋斗生涯。他的才华在一次偶然的机会中释放了出来,并获得了一次免费就读的机会,这对于家庭贫困的他来说是一次难能可贵的机会。

安徒生在 5 年后,也就是 1828 年升入了哥本哈根大学。他毕业后一直没有工作,生活主要是靠稿费来维持。他于 1838 年获得作家奖金——国家每年拨给他 200 元非公职津贴。从此之后,安徒生就开始专注于他的童话创作,在他长期努力下一篇接着一篇的优秀作品不断问世,他的事业也一次次达到高峰,然而他的生活境况却一直没有变化。

安徒生的一生几乎都在逆境中度过,自幼贫困、少年丧父、终身未娶,而孤独、贫穷、悲痛的困境也一直都伴随在他的左右。因而也可以说,安徒生的一生都是在顽强的拼搏中度过的,他也一直在与命运抗争、周旋。

他的作品给孩子们带去了幸福和欢乐,给世间带去了一丝温暖。贫穷困苦的生活并没有将安徒生打倒,他也没有屈服于逆境,而是勇敢地站了起来,在困境中为自己所钟爱的事业不断奋斗,最终取得了不俗的成绩。

苏轼是北宋著名的文学家、书画家、词人、诗人,以及美食家,他诗、书、画俱佳,一生融儒、释、道于一体,是难得一见的旷世奇才。

苏轼曾自云:"吾上可陪玉皇大帝,下可以陪卑田院乞儿,眼前见天下无一个不好人。"然而他在封建官场里还是失败了,失败不是因为他不懂官场,就是因为懂得太多,而他又痛恨那种无益的党争,才会屡次在关键时刻吐露真言,从而被当政的各派视为持异见者,致使频繁被贬。

苏轼虽屡遭贬谪,但他没有被打倒,而是坦然地接受这种厄运,接受并不是屈服,他在逆境中用自己的智慧、达观、独特的人格魅力,以及丰富的人生体验,在沉浮之间留下了 800 多封书信、300 多首词和 2700 多首诗,还有数以千计的各类文章,他被誉为"不可救药的文人",创造了中国文化史上的奇迹。

生活给予苏轼的困境并不少,多少人在官场中因一时不得志而郁郁寡欢一生,终日沉浸在自己的哀伤之中,然而苏轼并没有屈服于逆境中而意志消沉,他在逆境中寻找到了解脱的方法,从而创造了中国文学史上的奇迹。

心灵悄悄话

> 不经历风雨,怎么见彩虹。逆境,是对人们的一种磨炼,人们应该用坚强来诠释对逆境的不屈。只要有信心、有毅力、有勇气,就能够成就辉煌,能够排除万难,能够走出逆境、创造奇迹。

智力不是成功的唯一因素

　　智力在科学上的定义是指生物一般性的精神能力。对人而言,智力指的是人理解、认识客观事物并运用经验、知识等解决问题的能力,包括判断、思考、想象、观察和记忆。在一定意义上来说,智力对于一个人是否能够成功有很重要的作用,但智力并不是成功的唯一因素。

　　王羲之能在书法上有那么高的成就,并被誉为"书圣",靠的并不是他的智力,而是他几十年来锲而不舍地刻苦练习,是他的积极向上与坚持不懈才成就了这一切。

　　13 岁的王羲之于无意间发现了父亲藏有的《说笔》书法书,便偷来阅读。他的父亲发现后,担心他年幼不能保密家传,便答应等他长大后再传授给他。然而,王羲之竟然向他父亲下跪请求允许他现在阅读,这深深感动了他的父亲,便答应了他的要求。从此后,王羲之便刻苦练习书法,甚至在走路、吃饭时也在练习。有时王羲之练习书法会达到忘情的程度,有一次他因勤于练字而忘了吃饭,家人便将饭送到书房中,他想都没想就用馍馍蘸着墨吃了起来,还吃得津津有味。家人发现时,他已是满嘴墨黑了。如果身边没有纸笔,王羲之便在身上划写,这样时间久了,衣服竟然都被划破了。

　　王羲之经常临池书写,就池洗砚,这样时间久了,满池水都是墨,于是人们将那方池称为"墨池"。如今在庐山归宗寺、浙江永嘉西谷山、绍兴兰亭等地均有被称为"墨池"的名胜。王羲之的刻苦精神与书法艺术深受世人赞许,他的成功是他刻苦学习、积极进取的结果。

促进成功的因素有很多,智力是其中之一,但绝不是唯一的因素,如果一个人只有智力而不懂得积极进取,是不会成功的。积极进取在成功道路上有着非常重要的作用。

意大利著名的科学家凯斯小的时候因为家里贫穷,没念多少年的书,就进了工厂当了一名车工。对一个未满15岁的孩子而言,当车工并不容易。刚开始时,他一窍不通,但他很勤奋,对任何学习的机会他从来不错过。凯斯慢慢地成了一名技术熟练的车工,但他并没有安于现状。后来凯斯对生产机器有了兴趣,还发现了其中许多不足,而他也暗自下决心要通过自己的努力来改变这些不足。凯斯经过数十年如一日的艰苦奋斗后,不仅成为一个很有名的工程师,而且还成了一个拥有多项发明的科学家。凯斯在自我评价时说:"我的天生条件非常差,知识比较贫乏,我所取得的成就完全是靠自己积极进取得来的。但这至少也可以说明我具备发明创造这方面的潜能。通过积极努力地创造,我将这些才能淋漓尽致地发挥了出来。"

可以说凯斯的成功除了因为他对发明创造拥有天生的潜能外,更重要的是因为他的积极进取与努力奋斗,他的勤劳激发了内在的潜能,这样才一举成功,不然他是不可能获得成功的。

积极进取强调的是人对人生道路的希望与信心,对周边环境的正确对待,以及对自我的正确认识。积极进取是一种做事方法,更是一种人生态度。

世界著名的科学家牛顿,一生诲人不倦。一次,牛顿给助手安排了一个问题,要在很短的时间里解决。但牛顿在过了很长一段时间后,向他的助手要答案时,他的助手仍是一脸茫然得说:"对不起,先生,对我而言这个问题太难了,根本没有办法解决。"对此,牛顿感到很生气,心想:"事情

交给你这么长时间,再难的问题也应该找到解决的方法了。"随后他的助手又解释道:"我想,除你之外没有人可以解释这个问题。"这时牛顿更生气了,说:"你根本没有去想办法,也没有去找人帮忙,怎么会知道没有人可以解决呢? 我告诉你,除了你以外,这个问题其他人都可以解决。"最后,牛顿对助手说:"你这是缺少积极进取的意识,怎么可以一遇到问题就偃旗息鼓,你应该充分发挥自己的才能,直到把问题解决为止。"

在工作中,很多人一遇到麻烦就会像牛顿的助手一样偃旗息鼓,这的确缺乏进取意识。实际上,每个人都有着无限的潜力,只要你愿意发挥,积极进取,就可以取得成功。

心灵悄悄话

天才也要加上努力才能取得成功,坐享其成,不用浇水,花就能长大开花,不用施肥,庄稼就能丰收是不可能的。对于现在竞争激烈的社会,不进去就要落后,不奋斗就要怕失败。

第八篇 怀有一颗进取的心

勤奋带你走向完美人生

数学家华罗庚也曾说过："勤能补拙是良训,一分辛苦一分才。"而古今中外,诸多有成就的人,也都是因为自身的勤奋,才从众人之中脱颖而出,成为世人所钦佩之人。数学家陈景润为了证明"哥德巴赫猜想",日复一日、年复一年的沉浸在数学之中,经常废寝忘食。

苏秦是战国时人,他很想干一番大事业,但因学识不够,总找不到合适的事情。他心想:"难道我这么没志气吗?"于是,他下定决心努力读书,读到深夜时,若是打盹了,便用锥子在大腿上刺一下,鲜血直流。这样便又能够振奋精神,继续读书。苏秦就这样坚持刻苦勤奋读书,最终成了战国时著名的政治家。这也就是历史上著名的"锥刺股"的故事。

孙敬是汉朝人,从小就勤奋好学。他每晚都学得很晚,为避免犯困,而影响读书,他把绳子的一头拴在房梁上,一头拴住头发,这样只要他一打盹,头一低,头皮就会被揪疼,如此一来精神便又振作了,便能够用全副精力投入到学习中。孙敬勤学苦练,收获甚丰。这就是历史上著名的"头悬梁"的故事。

"头悬梁,锥刺股"的故事流传至今,并教育了一代又一代人,因为人们自古以来就知道,但凡学识渊博之人,都勤奋好学;而若想成功,有所成就,勤奋刻苦则是必不可少的。

斯蒂芬·金是世界著名的小说大师,他几乎每天都做着同一件事,即

天刚放亮，就到打字机前开始写作。斯蒂芬·金曾经贫困到连电话费都交不起，而电话公司还因此掐断了他的电话线。斯蒂芬·金后来成了著名的恐怖小说大师，稿约不断，经常是一部小说还未成形，出版社就已经将高额的定金支付给他了。现在他也算是一个大富翁了，但他每天依然在勤奋刻苦的创作中度过。

斯蒂芬·金成功的秘诀只有两个字，就是"勤奋"。他与一般的作家不同，很多作家在没有灵感时，就会去做其他的事情，从来不会逼自己去写。然而斯蒂芬·金即使是在没有什么好写的情况下，也会每天坚持写5000字。一年之中，斯蒂芬·金只有在自己生日、美国独立日（国庆节）、圣诞节这3天不写作。而他的勤奋则为自己带来了永不枯竭的灵感，我国的学术大师季羡林也曾说过："勤奋出灵感。"

法国作家莫泊桑从20岁便开始写作，直到30岁才写出他的第一篇短篇小说《羊脂球》，而在他房间里的草稿纸已有书桌那么高了。莫泊桑的老师福楼拜房间的窗口面对着塞纳河，因他常常通宵达旦的勤奋钻研，在夜间航船的人家就常将它当作航标灯。还有许多伟人勤奋的例子，这里就不再列举了。他们的经历都说明"天才出于勤奋，成功来自勤奋。"

　　著名发明家爱迪生曾说："天才就是百分之九十九的汗水加百分之一的灵感，仅有灵感是不够的，只有付出努力，将灵感付诸实际，并以坚持不懈的毅力完成它，才是真理！"斯蒂芬·金的成功，与他的勤奋是分不开的。只有勤奋的人，才能紧紧把握每一次机会，只有勤奋的人才不会恐慌，才会取得成功。

牢记优胜劣汰的狼性原则

"优胜劣汰"是达尔文《进化论》的一个基本论点,指的是生物在生存竞争中适应能力强的生存了下来,而适应能力差的则被淘汰。俗话说,恶虎还怕群狼。历经千秋万载优胜劣汰的选择,草原狼在残酷的竞争中生存了下来,并成为草原真正的王者。

狼性的优点有很多,其中有七大优点不能不令我们肃然起敬,也许正是这七大优点成就了狼性的强者哲学,也成就狼的不屈精神,勇于竞争的气魄和机智的警觉。

第一绝,逮住机会,绝不手软。这是狼勇于制胜的最优秀品质之一。人类在面对机会时常常会犹豫不决、畏首畏尾,而狼从来不放过任何一个机会。对于狼来说机会就跟生存本身一样重要,丢了机会就可能丢了生命。

第二绝,面对强敌,绝对合作。狼的团队精神也是人类所不能企及的。表面上看,它们也相互争夺、相互竞争、甚至互相残杀,然而一旦它们遇到强敌,便会迅速结成同盟、互相配合、一致对外,可以说合作是狼族长盛不衰的法宝之一。

第三绝,坚韧不拔,绝不怠慢。只有凭借坚韧不拔的意志才能在残酷的环境面前谋求生存发展,稍有怠慢,就可能面临绝境。町以说,狼那永不怠慢的进取精神是它最大的成功。

第四绝,傲视危机,绝地求生。危机是无处不在,不止于人类,狼的生存也是充满危机的。但如何处理危机,不同的人有不同的心态,只有像狼那样敢于傲视危机,才能在危机中求得生存,因为危机前面就是转机。

第五绝,适应环境,绝不畏缩。环境是一种不断变化的生存要素,而且随着竞争的日益加剧,生存环境会越来越差。狼是一种特别善于适应环境变化的动物,它们从不被恶劣的环境所吓退,而是无所畏惧地争做环境的主人,因为它们知道,生存是它们的唯一选择。

第六绝,苦练内功,绝技制敌。没有本领就不可能成为生存的强者,对于这一点,狼似乎比人更明白。因此,它们出生便开始锻炼各种各样的捕猎技能,不仅向同类学习,而且还从异类身上学习求生的本领。在野生动物群落中,它们的体格不算大,但它们却能制服比自己强壮的动物。

第七绝,有勇有谋,绝顶机警。愚顽的动物自然不可能成为生存的强者,而狼能够成为生存的强者,主要是因为它们聪明机警且有勇有谋。

优胜劣汰的生存原则不仅存在于动物界,现实生活中也同样存在。

一家著名的日氏企业招聘销售经理,经过几轮的考验,有 3 名候选人甲、乙、丙胜出。最后一轮考试,公司给每位候选人 150 元人民币,要求他们去上海生活 3 天,3 天之后谁剩下的钱最多,谁就是最后的赢家。

以上海的生活水平,150 元人民币只够一天的伙食,或者住一晚的普通旅馆。

第一天,甲到上海之后,马上利用 150 元钱去买了把吉他,扮成流浪汉在地铁里摆摊;乙到上海后买了把桌子,弄了一条横幅,做了一个捐助箱,又雇了两名学生在广场上做起了募捐;而丙到了上海之后,找了家小饭馆,点了小酒小菜美美地吃了一顿,吃完后,他又找了一辆废弃的汽车,钻进去睡了一觉。

第二天,甲赚了一些钱,乙也募集到不少资金。第三天,突然来了个城管,没收了甲的吉他和现金,乙的募捐箱也被城管没收,而学生也被遣走。被没收之后,甲、乙身无分文,直骂城管太无理,两人只能跟朋友借了路费,灰溜溜地赶回公司。

当他们赶到公司时,惊呆了,那个无理的城管竟然是丙。原来,丙利用剩余的钱,租了套二手的城管服装,又跟一个老太太买了把假手棍,之后就扮成城管,拆了甲、乙的摊子。最终,该公司录用了丙。

无论是工作还是生活中,都应牢记优胜劣汰的狼性原则并积极进取。将狼的这七大本领学到手,并在实践中不断运用,任何时候都不能放松警惕。因为,你所要战胜的不只是对手,还有身边存在的威胁。

心灵悄悄话

> 狼性能制服强敌,它们懂得出奇制胜、善于沟通,而且还知道见机行事,它们从不盲目出击或蛮干。既可胜敌,又可自保,狼的智慧就是一种生存,一种制胜的哲学。

博学广识

如果一杯新鲜的水放着不用,用不了多久就会变臭;如果一家经营得很好的店铺,店主不做好随时更新的准备,这家店铺必定也会逐渐衰退。可以随时随地地追求进步是一个积极成功者的特征,因为他害怕退步、害怕堕落,所以总是自强不息地力求改进。不管是什么事情,不管做到何种程度,都不应该停下来,而要继续努力,从而达到更高的高度。一个人如果在事业上感到自我满足而不再追求进步,那么这也将会是他事业由胜转衰的开始。

每个人在每天早晨,都该下定决心,力求在工作上有更出色的表现,比昨天有所进步,而在下班离开自己的工作场所时,所有的事情都该比昨天安排得更好些。坚持这样做的人,在一年内他的事业必定会有惊人的成就。

一个人如果想成就大事业,就必须经常与外界以及自身的竞争者接触,更应该去参观访问相关的展览会、商场、模范店铺以及所有管理良好的机构团体,从而借鉴有效的管理方法,来增强自身的竞争力。

一个成功的芝加哥零售商利用一周的假期时间,去国内大商场参观访问,并由此获得了改良自己商场的办法。此后,这位零售商每年都会去东部做旅行,去专门研究几家大规模商场的管理方法与销售方法。在他看来,这样的参观访问是非常有必要的。不然,一直一成不变、墨守成规地经营下去,肯定会走向失败。

那位芝加哥零售商说,经过几次改进后他的商场与以前已经大不相

第八篇 怀有一颗进取的心

167

同了。曾经从来没有注意到的缺点，如员工工作不认真，货品摆设无法吸引顾客等，经过参观优秀同行者的店铺与商场，他对这些都开始注意起来。因此，零售商开始大刀阔斧地进行调整，如辞退工作不认真与不忠于职守的员工、改变橱柜的陈列等，做了这样的改变后，商场里的气象焕然一新。

如果一个店主从不走出店铺的大门，不与别的店主以及店铺沟通，那么他对自己店中的店员和营业的缺点，通常是盲目的，也很难察觉到店铺存在的各种问题。因而，一个店主若想让自己的店铺销售红火，就需要在店铺中引进新光线。而这就要求店主经常与同行进行沟通交流，从而找到可以借鉴的方法。从商之人，应时常吸纳新思想，以获取改进的方法，只有这样他的事业才可能一天天发展起来，直到成功。

那些才能出众的人，更能领悟到随时改进方法的巨大价值所在，也更能用客观的态度去发现自己的缺陷，观察别人的优点，以求改进。那些只待在一个环境中的人，多安于现状，而对存在的缺陷毫不察觉。如果他们不变换自己的环境，肯定发现不了那些缺陷，也就注定他们会走入失败的迷途。

要改进自己的事业就应该全面地进行改进，这是大部分人的弊病，这些人不知道于小事上改进，于小处着手、大处着眼，并随时随地进步才是改进的唯一秘诀。也只有随时随地求进步，最后才可能收到成效。

创新求变,危机中克敌制胜

虽然许多成熟企业依然在喊着创新口号,也不断用 PR(项目评审)手段来把自己包装得十分创新,然而,相对于创新可能带来的巨大利益,人们更害怕因创新而引发的风险,因而企业内部的人越来越怕创新,致使企业连已有的优势都在慢慢丧失。

不管是企业还是个人,要想不断发展壮大,在社会中屹立不倒,就要懂得创新求变,在危机中克敌制胜。有些企业在发展到一定规模,业务也日趋成熟时,便安于现状并保守行事,这并不利于企业的持续发展。企业能够保持持续发展、在竞争中克敌制胜的原动力,就是敢于灵活应变与创新。因而,怎样永葆企业的灵活求变和创新精神,是企业管理者一项长期而艰巨的任务。创新与变化不可能简单地摆在企业者面前,它需要企业主动拿出选择创新的勇气。

百度公司创始人李彦宏,在 2009 年 3 月出席中国深圳 IT 领袖峰会时,给正遭受金融危机挑战的中国企业提出了三大应对策略,而"创新求变"是其中最为关键的一点。这其实正是多年来百度能在互联网搜索领域一直保持绝对领先优势的"秘诀"所在。

快速成长的百度在 2003 年时进入了发展瓶颈期,百度在当时虽然已经能够搜寻高达 2 亿个中文网页上的信息,但若从用户请求得到响应比例来看,依然有很多人的需求没有得到满足。百度对这些问题进行分析后发现,造成这种情况的原因是互联网上中文网页的数量太少,搜索者的需求远远得不到满足。诸多强劲的对手在这样一个天然瓶颈面前,纷纷都放慢了脚步。

李彦宏面对这样一个看似无法跨越的鸿沟,并不甘于等待。他想到"既然现有的网上信息已经没法满足用户的需求,为何不让用户来制造内容?"在他看来,这正是一个创新求变的好机会。李彦宏的这个想法萦绕在脑海里一段时间后,同郭眈、俞军、刘建国等技术人员进行了讨论。李彦宏开门见山地问:"是否有可能建立一个平台,给每一个被搜索的关键词自动生成一个社区,从而把搜索同一关键词的人聚集到一起,共享出他们与之相关的话题和信息?","做社区?"俞军问。

李彦宏用明显快于平时的语速说:"是搜索加社区,也就是在技术上为每个用户输入搜索框的关键词自动生成一个社区。从而让搜索同一关键词的人自然而然地聚到一个社区里,网上如果找不到现成的所需信息,用户可将自己的需求留下,同时主动发帖分享自己所知道的关于这个关键词的信息。久而久之,这个社区里就能聚集大量网页上没有的关于这个词的信息,这样就能满足后来者的请求了!"他的眼睛里闪着亮光。

刘建国在沉默了2秒钟后,兴奋地说:"这听起来同现有的任何社区模式都不一样啊,从技术上来说这是一个创举。"李彦宏接着说:"这东西还有一个好处,我们一旦将它做起来,搜索引擎的转换成本就能够大大增加。"

俞军有些担心地问郭眈:"这东西它能实现吗?"一直沉思不语的郭眈说:"从技术上来说,应该能够实现。我已经想到一个方法,今天回去再全面考虑一下。"这个项目就这样初步设立了。

在接下去的日子里,俞军和郭眈根据李彦宏的想法进行反复地调研讨论,发现这个想法不仅可行,而且具有非常好的用户需求基础,能够给网页搜索带来意想不到的支持,可助百度打破瓶颈,创一片新天地。李彦宏在整个过程中一直都很关心,并不停地提供好建议,而贴吧产品也就很快进入了实质性开发。

百度贴吧于2003年12月1日闪亮问世,这是百度的第一款搜索社区产品,它的出现迅速得到广泛用户的追捧与好评。现在,贴吧与之后推出的百度知道、百科，成了全球最大中文社区百度的"三驾马车"，为百度带来了巨大的流量和信息量。

贴吧是李彦宏的创新求变的产物之一，百度之所以能够持续保持竞争优势，是因为类似百度贴吧创新的想法不断得以实现。李彦宏在百度十年里不断提起的一句话就是："保持创新效率。"而正是这种创新求变的精神，让百度在危机中克敌制胜，从而确保自己长盛不衰。

愈来愈多的中层管理者安于现状，乐于享受眼前的舒适，而不愿冒险，当然更不愿意承担创新风险的责任。企业越大，创新的想法也越难产生与成活，这就要求企业领导者要始终保持头脑清醒并要以身作则不断鼓励创新，给创新者指明化解风险的道路，以解他们的后顾之忧。

其实，创新的类型有很多，并非所有的创新都意味着颠覆，选择哪种创新类型，则要看产品的成熟程度、市场的竞争格局以及企业的核心能力而定。

心灵悄悄话

乐于创新的企业必须要从现实、市场出发去主动创新。只有这样，创新才不会成为冒进，而是企业健康的新生成长。

第八篇　怀有一颗进取的心

171

观念创新,前途一片光明

这是一则广泛流传于推销员间的故事,有 4 个推销员接到去寺庙推销梳子的任务。第一个去的推销员空手而归,他说:"庙里的和尚说自己没有头发用不到梳子。"因此,他一把也没有推销出去。

第二个去的推销员,推销出了十多把。他说:"我跟和尚们说,头发要经常梳,这样可以止痒;头不痒也需要梳,经常梳能够活络血脉,对健康有益。念经念累时,梳梳头可保头脑清醒。"这样他就推销出了十来把梳子。

第三个去的推销员,推销出了百十把。他说:"我到庙里后,对老和尚说,您看在那里烧香磕头的香客是多么的虔诚,但磕了几个头后头发就乱了,而香灰也落在了他们的头上。您如果放些梳子在每个庙堂的前堂,香客们磕完头起来还能梳梳头,这样他们就会觉得这个庙关心香客,他们下次肯定还会再来。"如此一来便推销出了百十把梳子。

最后一个去的推销员,推销出了好几千把。他说:"我跟庙里的老和尚说,庙里时常接受香客的捐赠,有时也得回报给香客啊,买梳子送给香客就是最便宜的礼物。您可以将寺庙的名字写在梳子上,然后再写上'积善梳'3 个字,并说这能够保佑对方。将梳子作为礼品储备在那儿,送给来进香的香客,保证庙里的香火更旺。"第四个推销员就这样成功推销出了几千把梳子。

我们可以从这个故事中看出,不同的人思考的方式与角度不同,得到的感悟与启发也是不一样的。那个一把梳子也没有推销出去的推销员，在思考问题时没有创新精神，在他的意识里梳子只能是用来梳头发的，这样没有头发的和尚自然不会买他的梳子。而后面几个推销员都相对地进行了观念创新，变换了思考的角度，故都取得了一定的成绩；但因创新的程度不同，所以销售的成绩也不同。第四个推销员最为成功，是因为他完完全全突破了梳子只能用来梳头的限制，而将梳子作为赠品，他的这一创新观念为自己带来了丰厚的利益。

再后来，第四个推销员又有了一些新创意。在一个月后的清晨，他带着 1000 把梳子又去那座庙里拜见老方丈。待双方施礼后，推销员先是询问了方丈之前所购买梳子的赠送情况，见方丈十分满意以往的合作，推销员便话锋一转，对方丈深施一礼说："方丈，今日在下要为您做一件功德无量的大好事！"

待方丈询问缘由，这位推销员便想方丈描绘了自己的宏伟蓝图："寺庙年久失修，很多佛像也早已破旧不堪，想必重修寺庙、重塑佛像金身是方丈的毕生心愿，但无钱难以铭志。"方丈若有所思，点头称是。

接着，推销员便拿出了自己带来的 1000 把梳子，并将其分成两组，一组写着"智慧梳"，另一组写着"功德梳"；这批梳子比方丈先前购买的，显得更为精致大方。

推销员向方丈建议道："方丈可在大堂中贴下这样的告示'凡到本院香客，如捐赠 10 元善款，可获高僧施法的一把智慧梳，每日梳理头发，智慧源源不断；如捐赠 20 元善款，可获方丈亲自施法的一把功德梳，拥有功德梳，功德常坐，一生平安'等。这样，每天按照 3000 香客计算，如果有 1000 人购买功德梳，1000 人购买智慧梳，每天便可得约 3 万元善款，扣除每把 8 元的梳子成本，一天就可净佘善款 1.4 万元。

这样算来，每月就可筹得 40 多万元的善款，而不出一年，方丈即可梦想成真，岂非功德无量。"

这位推销员讲的是兴致勃勃，而方丈则听得心花怒放，两人一拍即合，方丈当即购下了那 1000 把梳子，同时还签订了长期供货的协议。这样一来,这间寺庙便成了这个推销员的专卖店了。

这位推销员,最后的成功就在于他的观念创新,有别于累了梳头、积善的感谢之物,将梳子作为佛祖保佑平安的宝物卖给带着来虔诚进香的香客,让他们得到最大程度的精神安慰与心理满足,这无疑非常成功。

所谓创新即打破旧的、传统的平衡、秩序、规则,是对现有秩序的一种破坏,同时也是人们对事物发展规律认识的拓展、深化与升华,并非随心所欲的标新立异与主观臆测。

其实,要创新即是要变,而且是主动的变。主动改变观念,即创新观念,这样才可能收获意想不到的财富。观念不创新,管理、制度以及技术就都很难创新,因此可以说观念创新是一切创新的向导与前提,而它对企业的发展有着非常深远的影响。

享誉国内外的海尔首席执行官张瑞敏给海尔成功概括的秘诀是"第一是创新,第二是创新,第三还是创新"。

"打破原有的成功经验,不断打破原有的平衡,重塑自我、超越自我"是海尔的创新,而这种创新首先源自观念的创新。海尔的创新是从"砸冰箱"事件开始的。

张瑞敏在1985年接到冰箱用户的来信说海尔产品有缺陷,而经过调查后发现仓库里还有76台质量有缺陷的冰箱。冰箱在当时是件非常昂贵的物品,一台冰箱的价格相当于一个员工两年的工资,许多人都希望张瑞敏能将冰箱处理给大伙,然而他觉得需要改变大家的观念。于是,他宣布冰箱是谁做的,谁就负责砸掉有缺陷的冰箱,并宣布:"此次责任在我,就扣我的工资,以后谁出问题就扣谁的工资。"

经过这一砸,海尔人追求卓越、追求质量的思想意识被震醒了,而海尔人的"要么不干,要干就争第一"的雄心壮志也被激起了。试想海尔当年如果为一时利益所蒙蔽,而没有敢于挑战旧观念的意识,没有观念创新精神,海尔今天就不会如此成功。

当代经济在信息化、网络化、全球化以及一体化趋势影响下,竞争越来越激烈。而瞬息万变的经济生活与日新月异的科学技术,都要求每个企业及企业家,放眼世界,随时随地发现自身的缺点与弱点,用创新的观念与思维,不断追求卓越、不断改革与创新,方能在企业丛林中立足,不然随时都有可能被淘汰。

不破则不立,不管是企业还是个人都应该有"海尔砸冰箱"的精神,不断将长期禁锢在人们思想观念中的层层枷锁打破,做到善于创新、勇于创新,这样才能在残酷、激烈的市场竞争中站稳脚跟。

思维创新，拓宽解决问题思路

"夫妻店"在日本东京随处可见，并且生机盎然。而这些店的存在通常都有自己很不平常的经营妙方。如有一家卖手帕的"夫妻老店"，因超市里的手帕花色新、品种多，这家店无法与之竞争，生意便日趋清淡。这对夫妻眼见着经营了几十年的老店即将要关门，十分焦虑，感觉度日如年。

一天，坐在小店中漠然注视过往行人的丈夫，看着那些穿着娇艳的旅行者时，突然灵光一现，他忍不住叫出声来。这吓了他老伴一跳，还以为他急疯了，正要去安慰时，只听他喃喃说道："导游图，印导游图。"他的老伴惊讶地问："改行？"他摇摇头说："不、不，手帕上能印山、印水、印花和印鸟，不是也可以印上导游图吗？一物两用，游客们肯定会喜欢！"老伴听后，恍然大悟，连连称是。

于是，这对老夫妻立马向厂家定制一批印着东京交通图与相关风景区图的手帕，并大力宣传。这个点子确实有用，他们的夫妻店绝处逢生，销路大开，并且财运亨通起来。这家卖手帕的夫妻老店之所以能够逆转困境，生意好转起来；是因为店主人运用了创新思维，生产出了新产品，从而扭转时局。

下面再介绍一个关于思维创新的故事。刚开始时，田中正一是一位住在日本东京中野区的穷困潦倒的知识分子，整天躲在家里研制一种"铁酸盐磁铁"，为此邻居们都将他看成了"怪人"。他那时得了"神经

痛"，怎么治也没有治好。当时田中正一每到星期四都会带着很多制好的磁石，到大井都工业试验所去测试。时间一久，他发现一到星期四他的神经痛就会得到缓解。对此他感到很好奇，他是个探究心非常强的人，于是他找来一根橡皮膏，在上面均匀地黏上5粒石，然后贴在自己的手腕上做试验。经过试验，田中正一发现这个东西对治疗神经痛非常灵，于是他立刻申请了专利。

　　田中正一说："把磁石的南北极相互交错排列，从而使磁力线作用于人体；因人体里的血管纵横交错，血液在流过磁场时，可感生出微电流，而正是电流有治病强身的作用。"田中正一在获得专利权后，便模仿表带式样制作四周镶着6粒小磁石的磁疗带，推向市场。果然，产品上市后市民反响甚大。全日本都出现了趋之若鹜、人人争购的现象，工厂连三班制生产仍然供不应求。销售好时，达到过仅一周的销售额就达到两亿日元的记录。就这样，田中正一从一个穷光蛋瞬间变成了一个大富翁。

　　田中正一从一个穷人到一个富人的经历告诉我们，思维创新是非常重要的。如果他当初没有注意到磁石给他身体带来的变化，或是注意到了而没有往磁石身上想，他定然不会成功。如果思维定式，必定会严重阻碍观念创新，任何人都不应该封闭自己的思维。今年在国外出现了"思维空间站"，其目的即进行思维创新训练。有目的地进行思维创新训练，能够帮助人们实现观念创新。

　　海带不仅是一道好菜，还是一味良药，它对甲状腺肿也就是俗称的大脖子病，有比较好的疗效。而对于味精，大家都知道它是人们在煮菜时常用到的一种调味品。看起来它们是怎么也联系不到一起的，然而它们之间却有着密切的关系。

　　事情是这样的，一天日本帝国大学的化学教授池田菊苗，下班后在家吃菜喝汤时不觉一怔，赶忙问他的妻子："今天这碗汤怎么这么鲜美？"接

着，他用勺在碗里搅动了几下后，发现汤里除了几片黄瓜外，还有一点海带。池田菊苗以科学家特有的兴趣与机敏，对海带进行了详细的化学分析。他研究了半年后，发现海带里含有一种叫"谷氨酸钠"的物质，他还给它取了个雅致的名字——味精。

池田菊苗后来又进一步发明了用脱脂大豆、小麦为原料提取谷氨酸钠的方法，给味精的工厂化生产开拓了广阔的前景。

如果当时池田菊苗只是纯粹的赞美一下那碗汤，而没有对其进行研究，那味精这个调味品可能要过很久之后才会被发现。正是他的创新意识与热心研究，才发现了"谷氨酸钠"，才有我们现在的味精。

拥有创新的思维，总能让人在不经意间发现有价值的东西，从而创造无限的财富。创新思维即不受现成、常规思路的约束，对问题寻求独特并且全新解答方法的思维过程。而要具备创新思维，就要注意下面几点：要打破创新性思维的障碍即思维定式，一旦思维定式，人的思维便进了牛角尖，怎么都出不来，就不可能表现出创新思维了。要打破思维惯性，传统性思维、习惯性思维都属于思维惯性，人有时容易被引进思维定式上，从而形成思维惯性，这需要打破。

心灵悄悄话

还要打破思维封闭，站的位置低或是社交不够广泛，就容易形成思维封闭，自然不可能创新，这就需要打开思维的空间。

学会复制别人的成功

　　成功有时似那湖泊江海中的流水浪花、空中的流云霞彩，或飘忽不定，或转瞬即逝，让人捉摸不定又难以把握。对于他人的成功，有些我们能够学到，而有些则是用尽所有方法也无法学到的。于是，有时不禁会想："倘若能够学会复制别人的成功，该有多好！"

　　一位博士被分到一家研究所，并成为那里学历最高的一个人。单位后面有个小池塘，一天博士闲来无事便到那儿去钓鱼。所里的正副所长刚好也在那儿钓鱼，博士这时冲他们微微点了点头，他心想跟这两个本科生有啥好聊的呢！

　　博士到那儿没一会儿，见正所长放下渔竿，起身伸伸懒腰，便"蹭、蹭、蹭"如飞般从水面上走到对面上厕所去了。博士看着睁大了眼睛，疑惑不已"不会吧，水上漂？这可是个池塘啊！"正所长回来时，也还是"蹭、蹭、蹭"从水上漂回来的。博士十分好奇，这到底是怎么回事，但又不好去问，自己可是博士生啊！过了一阵子，副所长也站了起来，先是走了几步，然后也"蹭、蹭、蹭"地飘过水面上厕所去了。这下子博士差点昏倒，不禁又疑惑起来："不是吧，难道到了一个江湖高手集中的地方！"

　　后来，这位博士也内急了。池塘的两边都有围墙，到对面的厕所要绕十分钟的路，回单位太远。而博士又不愿去问两位所长，想了半天、憋了半天后，便也起身往水里跨。他是这么想的："我就不信了本科生能过的水面，我一个博士生还过不了。"但只听得"咚"盼一生，博士跌到了水里头。两位所长见状赶忙将他拉了出来，问他为何要下水？博士反问："你们为什么能够走到对面去呢?"两位所长相视一笑说:"这个池塘里有两排木桩子,前两天下雨涨水把它们给淹没了。我们因为都知道木桩的位子,所以能够踩着桩子过去。你为何不问一声呢?"

博士之所以会掉进水里是因为他自视清高,看不起别人,不懂得复制别人的成功,吸取别人成功的经验。两位所长在研究所待的时间比博士长,懂得的自然也会多些,即使有些地方不如博士,但肯定也有超过博士的地方。博士若能放下自己博士生的身份,虚心向他人学习,必定能少走许多弯路,更快获得成功。

成功的多维性,决定了复制成功的难度。当然,有难度并不意味着成功就不可以复制。事实上,你只要有决心、有信心,并找到成功立足的方法与平台,同时加上自己的勤学苦练与用心研磨,是能够复制成功的。一些人没有成功的原因在于没有去复制,根据心理学原理,世界上任何人的成功都是能够进行复制的,这是因为每个人都拥有相同的神经系统,只是每个人神经系统的使用程度不一样。要复制别人的成功,要注意以下几方面。

第一,复制成功者的"信念"。复制成功,要首先进行复制的是成功者的"信念",没有成功的人之所以没有采取与成功者一样的行动,是因为缺少一种坚定、相信的"信念",因而在遇到困难或问题时会主动放弃,或是事情做得不够彻底。有很多人失败就是因为信念不足而中途放弃的。

第二,复制成功者的策略。所谓策略即做事情的先后顺序,它是一种思维模式,也是一种行为方式。我们有时做了与成功者一样多的事情,然而依然没有成功;这只是由于我们做事的先后顺序颠倒了,即便是在错的时间做了对的事情,结果也依然是错的,仍然不会成功。

第三,复制成功者的肢体动作。积极向上的肢体动作,能够给自己带来源源不断的动力。其实,肢体动作就是一种行为习惯或行为方式。而有了正确的行为方式,就能够在最短的时间里完成应该做的事情,所以就

能够获得成功。

这些成功的道理其实大家都懂的,只是愿意照着去做的人很少而已。很多人要不对自己所做的事情信心不大,要不就是认为要成功实在太难,又常常会这样问自己:"我这样做有用吗?"因此,没有采取任何行动。没有行动,当然就不会产生结果,更不要提成功了。而很多人在看到别人成功时,便会惋惜地感叹:"为什么当初我没有像他一样去做呢?"这种感叹是种遗憾,因而若想改变这种状况,就要开始复制别人的成功,复制成功者的信念、策略、肢体动作,这样下一个成功的才可能是我们。

心灵悄悄话

倘若想更快地获得成功,就要复制成功人士的行为模式与思维模式,这样就能够帮助人们更快迈向成功。

第八篇　怀有一颗进取的心

第九篇

奋斗要注重细节

大事业源于每一个完美细节；而同样的，一些不起眼的细节上的失误也可能引起一次重大的灾难。一个小细节可以走向毁灭，也可走向成功；而生活细节与个人人生的发展也是息息相关的。因而，人们在生活中应该注重培养良好的细节习惯，以使在奋斗的过程中少一些灾难和磨难，多一些鲜花和掌声。从脚下做起，从细节做起，锻炼自己、磨砺自己、肯定自己、欣赏自己、提高自己、完善自己，不管你以后成就什么样的事业，你都会拥有快乐充实的人生。

机会常隐藏于细节之中

当今是一个细节制胜的时代，要想让我们的奋斗取得辉煌的成功，必须注意细节上的隐患，细节上的创新，细节上的执着，细节上的奋斗，从而成功于细节。

一个阴云密布的午后，下起了一场倾盆大雨。行人纷纷就近走入店铺中躲雨，此时一个老妇人也蹒跚地走进了费城的百货商店避雨。几乎所有的售货员在看见她被雨淋后略显狼狈相，都对她视而不见。一个年轻人在这时走过来诚恳地对她说："夫人，我可以为您做点什么吗？"老人莞尔一笑说："不用了，我在这儿躲会儿雨，立刻就走。"但老人随即又心神不宁了，在人家的店铺里躲雨却不买人家的东西，似乎不近情理。于是，老人在百货店里转起来，就算只买个头发上的小饰品，也算给自己避雨找个心安理得的理由。

就在她犹豫徘徊时，刚才那个年轻人又走过来说："夫人，不必为难，我搬把椅子放在门口给您，您坐着休息便是。"两小时后，雨过天晴，老人向年轻人道了谢，并要了张名片，就走出了商店。

费城百货公司的总经理詹姆斯在几个月后收到一封信，信里要求把这个年轻人派到苏格兰收取一份装潢整个城堡的订单，同时让他承包属于写信人家族的几大公司下一季度办公用品的采购订单。这让詹姆斯惊喜不已，匆忙一算，这封信给公司带来的利益，相当于公司两年的利润总和。詹姆斯立即与写信人取得了联系，然后才知道写这封信的是一个老妇人，而她正是美国亿万富翁"钢铁大王"卡内基的母亲。他立即将那个叫菲利的年轻人,推荐到了公司董事会上。当菲利打起行装飞往苏格兰时,他已经成为这家百货公司的合伙人了,菲利那年22岁。

菲利在随后的几年中,凭借自己一贯的诚恳和忠实,成了卡内基的左膀右臂,事业也扶摇直上,并成了美国钢铁行业里仅次于卡内基的富可敌国的重要人物。

菲利只用了一把椅子,就走上了让人梦寐以求的成功之路,再次告诉我们"莫以善小而不为"的道理。

菲利的故事告诉我们,机会隐藏于细节之中。当然,做好这些细节也未必就有平步青云或是成功的机会,但如果不做,就永远也不会有这样的机会。这便是水到渠成的惊喜,细节的魅力。细节的成功看似偶然,实则孕育着必然。细节并非孤立存在的,就如浪花显示了大海的美丽,但一定要依托于大海才能存在。

心灵悄悄话

> 有人一心追求伟大、渴望伟大,然而伟大却了无踪影;而有人甘于平淡,只是认真做好每一个细节,伟大却不期而至。

百分之一的错误可能会带来百分之百的失败

细节不小,它可以使千万家产毁于一旦,可以使你一辈子的成功瞬间化为乌有,千里之堤溃于蚁穴。

临近黄河岸边一个村庄里的农民们为防止水患,筑起了巍峨的长堤。有一天,一个老农偶然发现突然猛增了很多蚂蚁窝。老农在心里想:这些蚂蚁窝是否会影响长堤的安全?老农在回村去报告的路上遇见了他的儿子。老农的儿子听后不以为然地说:"那么坚固的长堤,还会害怕几只小蚂蚁?随即就拉着老农一起去田里干活了。当天夜里风雨交加,黄河水暴涨。咆哮的黄河水先从蚁穴开始渗透,继而喷射而出,最终将长堤冲决,淹没了黄河沿岸的大片村庄和田野。

这就是成语"千里之堤,溃于蚁穴"的来历。而对于此人们难免会有这样的疑问:"小小的蚂蚁怎会有如此之大的危害"。据科学研究证明,造成溃堤的"蚁穴"的蚁,并非我们平时所说的蚂蚁,而是白蚁。白蚁和蚂蚁的区别还是很大的,白蚁是群栖性昆虫,其将巨大的巢穴修筑在地面下。成年蚁穴里至少住有几百万只白蚁,而巢群里有着严密的"社会分工":蚁土、蚁后是一群白蚁之首,主要负责繁衍后代;监督工蚁劳动与负责安全保卫工作是兵蚁的任务;而工蚁是这个群体的劳工,主要从事觅食、筑巢等基本劳动,数量也是最多的。蚁王、蚁后所居住的地方叫作主巢,主巢的腔积从 1 立方米到几立方米。主巢又通过蚁道和副巢(又称菌圃)相连,主蚁道内径从 6～12 厘米;有些白蚁道四通八达,甚至可能贯通

堤坝的内外坡。

　　白蚁穴对堤坝的危害是隐蔽的,即便土坝河堤已经受害严重,但从外表上看仍然是完好无损的。有些蚁穴大到能够容下4个彪形大汉,这是一个很大的陷阱,而且不说人陷入其中无法出来,即便是一头牛陷进去后也是无法自拔的。白蚁不停地在土坝河堤上筑巢、蚕食、分群,因此导致了土坝河堤内蚁穴"晕罗棋布",大堤就这样被掏空了。等到汛期来临,水位高涨,水渗入蚁道、蚁穴,最终造成了渗漏、管涌,堤坝毁坏。

　　对于白蚁所造成的长堤溃决的后果,要进行科学、细致的研究与观察,才能防患于未然,任何麻痹与对细节的忽视都会导致难以想象的后果。

　　细节可以表现整体的完美,同样也能够影响与破坏整体的完美。《武汉晨报》曾经有过这样一份报道,江汉大学的应届毕业生小陈由于一份简历而让他在应聘时栽了跟头。

　　小陈在参加招聘会的那天早上,不小心碰翻了水杯,把放在桌上的简历弄湿了。小陈为尽快赶到招聘会场,只简单地将简历晾了一下,便匆匆把简历与其他东西一起塞进了背包里。

　　小陈在招聘现场看中了一家深圳房地产公司广告策划主管的岗位,根据这家公司的要求,现场招聘人员会先同应聘者进行简单的交谈,然后再收简历,而被收简历的人将会有面试的机会。没多久就轮到了小陈,招聘人员在问了他3个问题后,就向他要简历了。小陈在拿出简历时才发现,简历上不仅有一大片水渍,而且放到包里一揉,再加上钥匙等东西的划痕,简历已经不成样子了。小陈尽力将它弄平整后,递了过去。招聘人员看着这份"伤痕累累"的简历皱了下眉头,但还是收下了。小陈那份折皱的简历夹在一叠整洁的简历中,显得十分不协调。

　　小陈在3天后参加了面试,表现很活跃,不管是现场操作Photoshop软件,还是给虚拟产品做口头推荐,他都完成得很好。小陈在校时曾是学校戏剧社的骨干社员,所以他还即兴表演了一段小品,这赢得了负责面试

人员的啧啧称赞。在小陈面试结束走出办公室时，一位负责人对他说："你是今天面试人员中最出色的一个。"

但面试结束一周后，小陈还是没有接到上班的通知。他着急了，便打电话向那位负责人查询情况。那位负责人沉默了一会儿后告诉他："事实上招聘负责人对你是很满意的，但你输在了简历上。老总说，一个连自己简历都保管不好的人，是管理不好一个部门的。你应该明白，简历其实代表的是你个人形象。投出一份凌乱的简历，有失严谨。"

这件事给了小陈一个深刻地教训，从此之后他变得细心起来。他深刻地感受到，有时决定事情成败的常常只是一个小细节。

要展示完美的自己很难，因为它需要每个细节都很完善。然而毁坏自己却很容易，只要疏忽了一个细节，就会给你带去难以挽回的影响。就像前面说到的小陈一样，尽管他很出色，但因为一个小细节让他丢失了一份好工作，这也印证了那句百分之一的错误可能会带来百分之百的失败。

心灵悄悄话

注重细节，从小事做起。看不到细节，或者不把细节当回事的人，对工作缺乏认真的态度，对事情只能是敷衍了事。而注重细节的人，不仅认真地对待工作，将小事做细，并且能在做细的过程中找到机会，从而使自己走上成功之路。

隐藏在细节中的智慧

福特汽车公司是美国著名的汽车制造公司,它是以福特的名字命名的。福特当年大学毕业后,到一家汽车公司应聘,另外三四个与他同时去应聘的人学历都比他高。福特觉得自己几乎没有什么希望了,但既然来了,怎么着也得试一试。在福特敲门走近公司的办公室时,看见地上有一张废纸,便弯腰把它捡起来,顺手丢到了纸篓里,接着他走到董事长办公桌前说:"我是来应聘的福特。"董事长对他说:"非常好,福特先生,你已经被我们录用了。"这让福特感到十分意外,董事长便接着说:"你的学历确实没有前面那些人高,而且他们都仪表堂堂。但他们的眼里只看得见大事,看不见小事。而只能看见大事,却忽略小事的人是不会成功的,因此我才录用你。"福特就这样进了这家公司。后来福特果然做得很出色,而且还做到了董事长的位置。

捡起一张废纸并顺手扔进纸篓,这看起来是件非常平常甚至微不足道的事情,然而就是这样一件小事,让福特获得了一份他原以为没有机会得到的工作。可见,机会常隐藏于细节之中。细节在激烈的职场竞争中,常常会显示出奇特的魅力,它能增加你的工作绩效指数,提升你的人格魅力,让你博得上司青睐,从而获得更好的机会。

细节本身常常潜藏着非常好的机会。你如果可以敏锐地发现别人没有注意到的薄弱环节或是空白领域,并以小事为突破口,改变思维方式,那么你的工作绩效就有可能得到质的飞跃。

布·希耐是美国玩具开发商,一次他到郊外去散步,偶然看到几个孩子在玩一种又脏又丑的昆虫,而且他们玩得津津有味。看到这个,他马上联想到儿童玩具市场上所设计和销售的玩具,全是色彩鲜艳、造型完美的。接着他想:"如此,为何不给孩子们设计一些丑陋的玩具来满足孩子们的好奇心呢?"布·希耐想到这,便马上安排研制生产,当这批新产品推向市场后,反响果然很强烈,而且还供不应求,收益颇丰。从此之后,丑陋玩具在市场上经久不衰。

只有关注细节,才能创造非凡的结果,发现可贵的机遇。处理好细节,才可能在平凡的岗位上创造出最大的价值。并不是每个人都能展现出隐藏在细节中的智慧的,所以不要忽略细节,忽略细节也许就错失了一次良好的成功机会。

有家大公司招聘职员,待遇优厚,但可惜只招一个人。有很多人去报名,但经过笔试后就剩下了十几个人。

到面试那天,这十几个人惴惴不安地坐在面试办公室外的椅子上。前面3个人都很无奈地走出了办公室,进去的第4个人是个胖子,他进去了很久后,面带微笑地走了出来。他挥着手中的合同说:"太棒了!"在那儿等待面试的人都火辣辣地盯着胖子,并忍不住叹息,接着人们一个个离去。

看着众人离去,胖子显得意犹未尽,还有些幸灾乐祸的样子,人几乎都走光了,只有一个人有些迟疑、犹豫不决地站在那里。胖子挑衅似的看着他说:"你怎么还不走?"那人感到很恼火:"这么大的公司,怎么可能不把所有人都看一看就录用你,谁可以证明你就是最优秀的?"这时胖子咧开嘴笑了,他拍了拍那个人的肩膀,并将手里的合同递了过去说:"你先看看合同。"那人接过合同一看,竟是一片空白。胖子得意地说:"我就是人事部主任,我们需要的就是有独立判断能力的人。事实上我们不止招一个人,凡是通过笔试的人都很优秀,只要是没走的我们都会要,可惜只

有你一个了。"

　　这场看似滑稽的公司面试之中,却蕴含着一种智慧,这个胖子人事主管用了这样一招来考察应聘人员不可谓不高。一方面测试了应聘人员的独立判断能力,另一方面也测试了应聘人员观察细节的能力。这样一家大公司,即使真的在面试过程中相中某个人,而不想再面试剩下的人员,也会派个代表出来做个说明,而不会让一个刚被录用的人出去耀武扬威的。所以,不管在什么情况下都不要小看细节,细节之中所隐藏的智慧,可能是谁也想不到的。

心灵悄悄话

　　要想从普通的事物中有不凡的发现,就要有善于思考的态度,只要仔细观察、勤于思考,善于发现细节,善于在细节上下功夫,就不会让属于你的机遇不知不觉地溜走。

培养良好的生活细节

有个小男孩的数学测试得了班上倒数第二。然而,他的爸爸知道后并没有大发雷霆,反而笑着对男孩说:"儿子,你应该想办法得倒数第一。这样吧,我给你出题,你如果可以得零分,我就给你买双耐克鞋。"

于是,男孩的爸爸给他出了 20 道选择题。男孩则兴奋地 10 分钟就交卷了,结果得了 25 分。男孩不服气,要求爸爸再出 20 道题目。当然,男孩还是没有得零分。这时爸爸语重心长地问男孩:"儿子,知道为什么你不能得零分吗?"男孩回答说:"有些题目我可以选出正确答案,有些题目我是瞎猜的,但却猜到了正确答案。"爸爸问:"那几道题的正确答案你怎么知道呢?"这下男孩来劲了:"爸爸,我懂得的东西可多了! 同学们都认为我笨,我才不笨呢!"爸爸激动地拉着男孩的手说:"儿子,爸爸就喜欢听你这句话,其实你一点都不笨。儿子,你要永远记住这句话'残余的火花,看上去并不明亮,可是一旦绽放,或许是最绚烂的!'"

这是一个聪明的父亲,对待考试考砸了的孩子,不是像大多数家长一样,忙着质问孩子为何考得这么差或是骂孩子笨。他用一种特殊的方式来处理这个问题,不仅没有伤到孩子的自尊心,甚至激发出了孩子的自信心。这也是一种生活细节的表现,这是值得所有父母学习的。

一个以科学技术发达而闻名的国家在 20 世纪 50 年代初,决定组织一次规模宏大的军事演习。这次的军事演习将由该国的海、陆、空三军联合举行,而且邀请了世界各国的许多领导人。先进的高尖端武器、严肃的军容以及整齐的列队，获得了在场人_上的一致赞赏。正当观看演习的人们意犹未尽时，一架当时世界上最先进的战斗机随着仪仗队的退场被运到了演习现场。驾驶这架战斗机的是一名被认为该国驾驶技术最好的飞行员，他是经过多次选拔才选出的。由于此次为这一战斗机的首次军事演习，相关主管部门为确保万无一失，在演习前已经对这架飞机进行了全面检查，并且地勤人员也对飞机进行过多次全方位的检测，均没有问题。

飞行员随着指挥员的一声令下，精神抖擞地启动了飞机。人们非常期待看到飞机直冲云霄，将视线紧紧地锁在飞机上，然而人们没有看到期待中的飞机飞向高空的飒爽英姿，看到的是飞机刚离开地面便发生了剧烈的震动，接着一头栽到跑道上。随着一声巨响，滚滚浓烟与支离破碎的飞机残骸无情的映入了人们的眼帘。

一场原本完美的军事演习就这样结束了。这个事件引起了高度重视，总统亲自派人调查事故的原因。调查小组对飞行员本人的情况与飞机各项技术进行了全面而深入的调查。飞行员的驾驶技术、经验和各项素质要求均符合标准，而制造飞机的先进技术也是毋庸置疑的。

随着调查工作的不断展开，引发这起严重事故的迷雾也被一层层拨开，但最终的调查结果有点让人难以置信——飞行员衣服上的一粒纽扣是造成这次飞机失事的原因。飞行员衣服上的一粒纽扣在飞机起飞的一刹那，掉进了仪器当中，使得仪器不能正常运行，从而影响了其他部件的运转，最后导致机毁人亡。

下面就来介绍一些培养生活细节的方法。

第一，在工作时应注意保持办公桌及其周围整洁有序，切勿让凌乱干扰心绪、冲淡工作热情。这也是给别人留一个好印象，提高工作效率所不可忽略的。

第二，下班后，不要想着立即回家。最好可以静下心，对一天的工作进行一个简单的总结，并制定出第二天的工作计划，同时准备好相关的工作资料；在离开办公室时，最好可以检查一下灯与窗是不是都关好了，是不是有东西遗漏,做到一切都心中有数。

第三,闲时认真阅读一些与细节培养有关的书籍,以增长见识。书籍是人类的精神食粮,我们可以从书中学到很多,并逐渐培养起自身的细节观念。要多留心观察身边的人与事,以及时捕捉到瞬间的灵感或是发现有价值的事物。

第四,要知道公私分明的含义和重要性。做正经事时不要心猿意马,一定要专心致志;不要在办公时间里去处理私事,更不能利用公司资源去谋取私利或是假公济私,用工作来掩护听音乐、玩游戏、上网等,那样是不诚实的表现,不仅会影响工作的积极性与情绪,而且也会给同事与上司留下不好的印象。在什么位子就应该做什么样的事情,这不仅是职业道德,也是做人的原则。

在一个细节取胜的年代,集体和个人想要有所成就,都离不开细节,细节中常常蕴藏着巨大的机会,因而对于细节应该精益求精。细节能够体现出一个人的做人理念、行为方式、工作与学习态度,一个优秀人才必须具备注重细节的素质,这样才能创造出出色的业绩。因此,可以说是否能够把握细节并给予关注是一个人能力与素质的体现。

对细节予以必要重视的人,一定是有较强责任心与敬业精神的人。而对细节不以为然的人,在竞争中是不可能有优势的。

> 在细节中开辟新领域,发现新思路,充分表现出个人的创新能力和创新意识,提高绩效指数,出色高效地完成工作、学习任务,从而使自己的发展更上一层楼,以获取更大的成就。

第九篇 奋斗要注重细节

第十篇

奋斗路上，且歌且行

有人说，自己才是自己最大的敌人，也是最难战胜的敌人。

也就是说，阻碍人成功的最大障碍不是来自外界，而是源于自身，除去力所不及的事做不好外，对力所能及的事不去做或是做不好，这便是自身的问题。

因为放下不必要的包袱，我们可以少一些压力，有了自制力，我们可以少犯一些错误，善于控制情绪，就可少一些鲁莽，保持清醒的头脑，可以转危为安，这样我们就可以在奋斗的路上且歌且行。

放下包袱，且歌且行

我们每个人都在追求幸福，都在一遍遍地叩问自己：幸福到底是什么？又在哪里？其实答案很简单，只有一句话———放下包袱即是幸福。

有一对靠捡破烂为生的夫妇，每天一早出门，拖着一部破旧的三轮车到处捡拾破铜烂铁，等到太阳落山时才回家。每当他们回到家的时候，就会端一盆水到门口的院子里，搬凳子坐在那里泡脚，然后拉着弦唱歌，唱到满天星斗、月正当空、浑身凉爽的时候他们才回房睡觉，日子过得逍遥自在。

在他们的对面，住了一位很有钱的员外，他每天都坐在桌前打算盘看账本，算算哪家的租金没收，哪家还欠着账，每天都过得很烦心。有一天，他注意到对面的夫妻每天都是快快乐乐地出门，晚上轻轻松松地回来，非常羡慕也非常不解，于是问他的伙计："为什么我这么有钱却不快乐，而对面那对穷夫妻却总是如此的快乐呢？"伙计听了想了想，问员外："员外，您想要他们同您一样忧愁吗？"员外回答道："算了吧，我看他们不会忧愁的。"伙计说："只要您给我一贯钱，我把钱送到他家，他们明天保证不会拉弦唱歌了。"员外说："给他钱他肯定会更快乐了，怎么可能不会再唱歌了呢？"伙计说："您不妨试试看了。"员外果真交给了伙计一贯钱，当伙计把钱送到穷人家时，这对夫妻拿到钱一开始本是很高兴，可是没多大一会就烦恼了起来。那天晚上竟然睡不着觉了，想把钱放在家中，门上又没锁；要藏在墙壁里，松垮的墙用手一碰就会塌；要把它放在鞋子里又怕被狗叼走……他们整晚都为这贯钱操心，一会儿躺在床上，一会儿又爬起来看看钱还在不，整夜就这样反复折腾，无法入睡。妻子看着坐立不安的丈夫，更加心烦意乱，就说："现在你已经有钱了，还在烦恼什么呢？"

丈夫说："有了这些钱，我们该怎样处理才好呢？把钱放在家中又怕弄丢了。现在我真的郁闷得不知道怎么办才好。"第二天一早他就带钱出门，在街上绕来绕去，不知做什么好，绕到太阳下山，月亮上来了，他又把钱带回家，垂头丧气不知怎么办。想做小生意不甘心，要做大生意钱又不够，于是他对妻子说："这些钱说少，也不算少，说多又做不了什么大生意，实在是伤脑筋啊！"结果那天晚上员外站在对面，果然听不到唱歌和拉弦了，因此就到对面去问怎么了？这对夫妻说："员外啊！我们还是把钱还给你好了。

我们每天一大早出去拉车捡破烂，也比有了这些钱轻松啊！"这时候员外才恍然大悟，原来，一味地守财不知布施，便会成为一种负担、一种人生的包袱。

那么，怎样的人生才是快乐的呢？放下沉重的包袱，不为贪婪所迷惑，不为钱财所伤神。这样的人生，自然是轻松而快乐的。人生往往如此，拥有得越多，包袱也就越多。其实万事万物本来就随着世界的变迁而变化，可世人却总是试图牢牢地抓住现在、不愿改变，于是烦恼接踵而至。如果这时能放下身上的包袱，便就能解开精神上的枷锁，生活就会逍遥自在。

从前有个国王，放弃了自己的王位出家修道。他在山中盖了一间茅草棚，天天在里面打坐修行。有一天，他感到生活非常美好，不禁哈哈大笑起来："如今我真是快乐自在呀！"旁边修道的人问他："你真的这么快乐吗？如今每天都是单调地坐在山中修道，有什么快乐可言呢？"国王说："从前我做国王的时候，整天处在忧患烦恼之中。我担心权臣谋反夺取我的王位，担心邻国侵占我的土地，担心有人攫取我的财宝……现在我出家修道了、一无所有,也就再不会有算计我的人了,所以我的快乐不可言喻呀!"

懂得放下,学会放下,放下不必要的烦恼,放下不必要的压力,放下过于贪求的名利,放下不可能得到的种种妄想,脚踏实地,面对现实,在你的奋斗旅程中且歌且行。

懂得"放下包袱",便是懂得了人生的大智慧。"放下"是开心果、是欢乐剂。漫漫人生路,为何不且歌且行,保持豁达的心情,避免患得患失,只有这样,人生才会更加圆满。

要有自制力

美国杰出的成功学家拿破仑·希尔经过数十年的探索与研究,总结出 17 条成功学准则,人们将这些准则称为"黄金定律"。而"要有高度的自制力"被列在第 5 条,在这方面拿破仑·希尔有着深刻的切身体会。

拿破仑·希尔在创业初期,通过一件小事发现自己缺少自制力。虽然这件事很小,但却给他带来了惨痛的教训,从而让他认识到一个人若想获得成功首先要学会驾驭"情绪"这匹烈马。他对自己经历的事情做了如下的描述:

一次,我与办公大楼的管理员发生了误会,我当时碍于面子未向他道歉。我们两个人从那之后便彼此憎恨,甚至演变成了激烈的敌对。有时只有我一个人在办公大楼里工作,管理员就将电闸拉下,让办公室里变得一片漆黑。这类事情一连发生了几次,这让我感到很愤怒。

一天,我正在办公室中紧张工作着,电灯又突然熄灭了。我立马跳了起来,奔向管理员办公室。我到那儿时,管理员正在悠闲地吹着口哨。我感到极度愤怒,便对他破口大骂起来,并且将我能够想得出来的恶言恶语都用上了。但那个管理员,却没有一点生气的意思。当我再也想不出其他骂人的话而停下时,管理员转过身,用着温和的语调对我说:"你今天是不是太激动了?"他的话非常柔和,但那时的我却感到有一柄利剑刺进我的身体。我站在那里,不知道该说什么好。

我是一个研究心理学的人,竟然对着一个文化甚少的管理员大喊大叫,这实在很丢人。于是,我飞快地逃回了办公室。我坐在办公室里,管理员的微笑一直缠绕着我，我什么也干不下去了。这时，我认识到了自己所犯的错误，之前发生矛盾时，由于没有道歉的勇气而让矛盾越来越深；而本来今天是个很好的道歉机会，但我却失去了自制力，最终让自己陷入了尴尬境地。

终于，我决定向管理员道歉。管理员看见我又来了，依然用柔和的语调对我说："这一次你又想干什么？"语句中充满挑战的味道。我告诉他我是来道歉的，他却说："你用不着向我道歉。你今天所说的话，只有你知我知、天知地知，我不会将它说出去的，我知道你也不会将它说出去的，我们就这样了结了吧！"管理员的话把我深深震住了。他高度的自制力再次将我打败，我走上前去紧紧地握住他的手，真诚地向他表示了歉意。

通过这件事情，我意识到，如果一个人缺乏自制力，就有可能变得疯狂。这样，他不但结交不到朋友，而且还非常容易被打败。

拿破仑·希尔用自己的亲身经历，向我们表明自制力对一个人取得成功的重要性。良好的自制力不仅是一种美德，而且在一个人成就事业的过程中，也能够助其一臂之力，是成功不可缺少的重要条件。

有那么多的人在工作和生活中遇到难题，而被打趴下，只有少数人依然坚持着，站到最后、笑到最后，而这少数人也就成了成功的人。

心灵悄悄话

一个成功的人，他的自制力通常表现在下面两点：大家都不做但情理上应该做的事，他强制自己去做。大家都做但情理上不可以做的事，他自制不去做。做和不做，强制和克制，超乎常人性情外，便是取得成功的因素。

控制自己的情绪

　　有个男孩的脾气很不好，于是他的爸爸就给了他一袋钉子，并告诉他："每次跟人吵架或是发脾气时，就在院子的篱笆上钉一根。"男孩在第一天钉了37根钉子，后来的几天他渐渐学会控制自己的脾气，每天所钉的钉子也就越来越少。而男孩也发现，控制自己的脾气其实比钉钉子要容易得多。终于有一天男孩一根钉子都没钉，他高兴地将这件事情告诉了他的爸爸。

　　男孩的爸爸说："从今天开始，你如果一天都没有发脾气，就在这天拔掉一根钉子。"日子一天天过去了，而最后钉子也全被拔光了。爸爸带男孩来到篱笆边上，对他说："你做得很好，儿子。但瞧瞧篱笆上的钉子洞，这些洞永远也不可能恢复到原来的样子了。这就像你与某个人吵架，说了些难听的话，你在他的心里留下了一个像这个钉子洞一样的伤口。"

　　将一把刀插到某个人的身体里，再拔出来时，就会留下一个难以愈合的伤口，即便愈合了也会留下一个难看的疤痕。不管你怎样道歉，伤口还是在那儿，不会消失不见。要知道，心灵上的伤口与身体上的伤口一样难以恢复，有时甚至比身体上的伤口更为严重。朋友是我们宝贵的财产，朋友能让我们更勇敢，也能让我们开怀；朋友总是能随时倾听我们的忧伤。当我们需要朋友时，他们会向我们敞开心扉，会支持我们。所以，不管在与谁交谈，都要控制住自己的情绪，即使有时他们可能惹恼了你，但他们也许是好意。

　　情绪是人的各种感觉、思想与行为的一种综合的生理与心理状态，是

对外界刺激而产生的心理反应,并附带的生理反应,喜、怒、哀、乐、惧等都属于情绪反应。情绪是个人的主观感受和体验,与性情、性格、气质以及心情等有关。

不管是男人,还是女人,无论是普通员工,还是企业 CEO,或是建筑工人,都难以逃脱情绪的包围。喜、怒、哀、乐、惧等人类的基本情绪,构成了旺盛的生命力和丰富的情感元素。

艾尔玛是美国生理学家,他曾做过一个简单的实验,就是研究情绪对健康的影响。实验是这样的,艾尔玛将一支支玻璃管插在摄氏零度,冰与水混合的容器里,借以收集人们不同情绪时所呼出来的"气水"。研究结果发现,人心平气和时呼出的气,所凝成的水澄清透明,无色、无杂质。而人生气时呼出的气,所凝成的水则会出现紫色的沉淀物。研究者把这"带有紫色沉淀的水"注射到白老鼠身上,老鼠在几分钟后,竟然死了。由此可见,负面情绪的危害性是十分强大的。

美国情绪管理专家帕德斯指出,在平时注意锻炼自己控制情绪的能力,以养成自制的习惯,将有助于在情绪发作时拥有更好的反应能力。下面就来介绍几个管理情绪的方法。

第一,了解观察自己的情绪。也就是说要不时地提醒自己注意"我现在的情绪如何?"当你由于朋友约会迟到而对他冷言冷语时,先问问自己:"我为何会这样做,我现在的感觉是什么?"你如果察觉到自己开始对朋友三番两次的迟到感到生气时,你便可以对自己的负面情绪做更好地处理。不管是谁都一定会有情绪,压抑自己的情绪并不是最好的处理方法,而学会了解观察自己的情绪,则是管理情绪的第一步。

第二,适当表达自己的情绪。依然以朋友约会迟到为例来看,他让你担心可能是你生气的原因,在这种情况下,你可以婉转地对他说:"过了约定时间你还没到,我担心你在路上发生了什么意外。"应该试着将"我担心"的感觉传递给他,让他了解他迟到所给你带来的感受。而如果表达不当,就可能引起争吵。

　　第三,用适宜的方式疏解情绪。不同的人有不同的疏解方式,有人会找几个好友痛诉一番,有人会选择散步、听音乐或是逛街,或者逼自己去做其他的事情,有人会痛哭一场。而飙车、喝酒、自杀等则是比较糟糕的方式。让自己好过一点、给自己一个清洗想法的机会,以及让自己更有面对未来的能量,是疏解情绪的目的。倘若所疏解情绪的方法只能暂时逃避痛苦,过后甚至要承受更多的痛苦,这就是一个不适宜的方式。要勇敢地面对那些不舒服的感觉,认真、仔细地想想,这么生气、难过是为什么?不愉快要怎样降低,怎样做将来才不会重蹈覆辙? 这样做是否会带来更大的伤害? 从这几个角度出发,去选择适合自己并且可以有效疏解情绪的方法,这样你就可以控制情绪了,而不是让情绪控制你。

　　有时用阿Q精神也是一种宣泄方式,实际点、看开点,不要将事情想得太复杂,也不要想太多,不然会越想越烦恼。养成疏解情绪的习惯,能减少几分你坏情绪暴发的可能性。再换个角度看问题,在情绪发作时深呼吸等措施作为辅助工作,你一定会成为控制情绪的高手。

别冒不必要的风险

现实中许多风险不得不冒,但有些风险是不必要冒的,人生有限,我们尽量减少不必要的冒险,减少我们的损失和挫折感。

恺撒大帝在要渡过卢比孔河时,稍停了片刻。因为他知道,渡河后就意味着对罗马宣战,而结果则是无法预料的。恺撒作为罗马帝国的英雄,自然不愿意看到国家陷入纷争。但由于妒忌他丰功伟绩的政敌已说服了罗马的元老院,不仅要将他的职位撤掉,还要将他骗回国受审,这让他别无选择。

恺撒将政敌的阴谋告诉了对自己效忠的部下,他们听后一致宣誓要与他一起回国讨个公道。恺撒带着他的部队渡过了卢比孔河,然后他大声说:"我们渡过了卢比孔河,就不会再回头。"

罗马的人民知道恺撒跟他的部队渡过了卢比孔河后,都纷纷出城欢迎归来的英雄。这样,恺撒他们还没有到达罗马,他的政敌就已经弃城逃跑了。于是,恺撒成了罗马最高的执政官。

恺撒带着他的部队直奔罗马,这是有风险的,然而现实里的情况让他不得不冒这个险。最终的结果表明,恺撒冒这个险是对了。生活中,我们在很多时候都需要下定义无反顾的决心,才可能办成一件事。在我们所做的某件事情不为人们所理解,甚至遭到批评与嘲笑时,要义无反顾地去为自己的理想奋斗,不要害怕承担风险。谨慎是必要的,但冒险也有它的价值。

往上爬要冒跌下来的风险,尝试要冒失败的风险,生要冒死的风险……不管做什么事情都要冒一定的风险,我们也必须冒险,因为不敢冒任何风险就是生活中最大的危险。

若要想成功就一定要冒险,但冒险不一定就能成功。所以冒险一定要冒对的风险,所谓对的风险就是从长期来看,具有高回报的风险。有些人并不缺乏冒险精神,他们的问题在于冒了不必要的风险。下面就举个例子来做说明。

有一种游戏,参加者一定要出 10 块钱,而游戏的结果是:你有99.9%的概率会损失 10 块钱,只有0.1%的概率能够赢得 95000 块钱。你是否会参加这种游戏呢?有人对此进行了调查,并发现有65%以上的人会选择玩这种具有风险的游戏。而玩的理由很简单,就是虽然这个游戏的风险固然很高,但即便输了,也就损失 10 块钱;而如果赢了,却得到 95000 块钱的高报酬。事实上,这个游戏的期望报酬率为负值,就算让你赢一次,但你若长期玩下去,则必输无疑。这就是典型的不值得冒的风险。

没有必要的风险千万不要去冒,如短线操作股票、债券保证金交易、外汇保证金交易、期货、彩券、六合彩等,它们的回报率均为负值,也就说这些都是高风险、负回酬的活动。由此也可推及至其他事情上,冒了不必要的险,不但得不到自己想要的,反而可能得不偿失。

心灵悄悄话

> 一个不敢冒任何风险的人,什么都不是,什么也不会有。什么也做不了,也注定不会成功。请记住这句话:"确定你是对的,然后勇往直前。"

保持清醒的头脑

猎人捉了一头狮子,将它关在了笼子里。一只蚊子看见狮子绕着笼子走来走去,便问:"你走来走去的做什么呢?"

狮子回答说:"我在找能逃出去的路。"狮子在确定找不到可以逃出去的路后,便躺下休息,当然偶尔也起来走动走动。

蚊子又好奇地问:"狮子大王,你现在又在干什么呢?"

"我呀!"狮子平静地说:"找不到出去的路,我就躺下来休息了,同时也活动活动筋骨,我在等待机会!"

然而狮子没有等到逃走的机会,却等到了死亡的消息。猎人打算杀了它,好剥下它的皮去卖钱。

蚊子对狮子说:"猎人要杀你,你知道吗?"

狮子说:"我当然知道,我都知道自己在做什么、想什么。"

这是一则说一头狮子在无能为力的环境中,依然保持了内心清醒的寓言故事。可能有人会觉得在无法改变环境的情况下,依然保持着清醒是痛苦的,还不如迷迷糊糊,又或许醉生梦死反而可以保有一些"快乐"。但在寓言故事里无法改变的事,并不代表着在人世生活中也无法改变。因为在生活中,没有绝对的事情,事情的发展,总会出人意料,所以人世间才会有那么多的悲喜剧。

虽说如此,但内心保持清醒还是十分必要的。生活中虽然没有绝对的事,然而却也有一些必然的事;也就是说,有些喜剧是属于自己知道在做什么的人,而有些悲剧是属于自己不知道在做什么的人。只有保持清醒,才能够清晰的了解周围环境的变化情况,才知道该怎样去做,而做了之后会有怎样的结果,以及这结果所代表的意义。即便有时你并不能做什么,但这也正是因为你内心保持的清醒让你知道你并不能做什么。时刻保持清醒的你,会拥有一颗敏感的心,可以预测环境或是人心的变化;同时还会拥有敏锐的判断力,知道自己能做什么,又该怎么做。时刻保持清醒,你便不会迷茫、不安、忧虑和慌张,而会冷静地处理所遇到的问题。

狐狸看到野狼卧在草上勤奋地磨牙,便对它说:"这么好的天气,大家都在休息娱乐,你也加入吧!"狼没有答话,而是继续磨牙,将自己的牙磨得又尖又利。狐狸见状,便奇怪地问:"森林里这么静,老虎不在近处徘徊,猎人与猎狗也已经回家了,没有任何危险,你为什么要那么用劲地磨牙呢?"这时,狼停下来回答说:"倘若有一天我被老虎或是猎人追逐,那时,我想磨牙也已经来不及了。而在闲时我就将牙磨好,到时就能够保护自己了。"

故事中的狼很清醒,它知道自己在做什么,为什么而准备,也知道防患未然的重要性,这是值得人们学习的。不管是谁,不管做什么事情都应该时刻保持清醒,并做到未雨绸缪、居安思危。只有做到这些,才能在遇到突然降临的危险时,冷静对待而不至于手忙脚乱。

心灵悄悄话

有人常抱怨没有机会,但当机会来临时,却又感到自己平时没有积蓄足够的能力和学识,以致无法胜任,也就只能后悔莫及了。

化危机为转机

在大部分情况下,你都处于摸着石头过河的境况中,而危机就难以避免。因此,你如果可以掌握化危机为转机的方法与能力,相信你的路"即使有惊也会无险"。

一天一个农夫的一头驴,不小心掉进了一口枯井里。农夫为了将驴救出想尽各种办法,但几个小时过去了,而驴仍然在井里痛苦哀号着。

农夫最后决定放弃,他想这头驴年纪大了,没有必要大费周章地去救它出来,但不管怎样,还是要将这口井填起来。于是,农夫请了一些邻居一起帮忙埋了井中的驴,以减少它的痛苦。

他们人手一把铲子,开始把泥土铲到枯井中。刚开始驴在意识到自己的处境时,哭得非常凄惨。但出人意料的是,这头驴一会儿后就安静了下去。农夫好奇地探头看向井里,而眼前的景象则让他大吃一惊:当铲进井里的泥土落到驴的背部时,驴将泥土抖落到了一旁,接着站到铲进的泥土堆上。就这样,驴把大家铲到它身上的泥土全部抖落到了井底,接着站到上面,这头驴很快便得意地升到了井口,然后在众人惊讶的表情中跑开了。

农夫将士铲进井里本是想埋了驴,这对驴来说无疑是场危机,但驴却聪明的将危机变成了转机,并解救了自己的生命。在生命的旅程中,总难免会遇到上面驴所遇到的情况——掉入枯井,各种各样的泥沙任意倾倒在身上,而要想从这些枯井中出去,就要懂得将泥沙抖落掉,然后站到上面去。也许你正深处困境,正无所适从;也许你周遭危机四伏,你的情绪低落到了极点,此时最重要的不是怎样抽身离开,而是怎样将危机转换为转机。

隐藏在狰狞吓人假面下的往往就是成功的机会,你如果能够审时度势、善于观察、有胆识,能够冷静,一定能揭开假面,从而享受成功的喜悦;你如果在遇到危机时进退失据、心慌意乱,自然危机就是致命的袭击。没有人愿意遭遇危机,然而危机与成功就像孪生兄弟一样,要想成功就必定会遇到危机。危机可能来自外界因素,也可能来自个人的心理、生理。但不管是哪一种,你只要拿出勇气,积极想办法都可以克服危机。

你如果在某方面不尽如人意,不要害怕,不要自卑,更不要怨天尤人。因为有时一个人的缺陷可能就是上苍给他的成功信息。

有三个住在一起的旅行者,一个出门时带了一根拐杖,一个带了一把伞,而第三个什么也没有带。晚上归来时,带拐杖的旅行者摔得满身是伤,带伞的旅行者淋得浑身湿透,而什么也没带的旅行者却安然无恙。对此,带了工具的两个旅行者感到很纳闷,便问第三个旅行者:"你怎么会没有事呢?"第三个旅行者没有直接回答,而是问带拐杖的旅行者:"为什么你没有淋湿而是摔伤了呢?"带拐杖的旅行者说:"我因为没有带伞,在大雨来临时,便专拣能躲雨的地方走,因此没有淋湿;我走在泥泞坎坷的路上时,便就用拐杖拄着走,却不知为何常常摔跤。"

然后他问带伞的旅行者:"为什么你会淋湿而没有摔伤呢?"带伞的旅行者说:"我因为带着伞,在大雨来临时,便大胆地在雨中走,然而却不知不觉地被淋湿了;我因为没有带拐杖,走在泥泞坎坷的路上时,便走得特别小心,专拣平稳的地方走,因而没有摔伤。"

听完后,第三个旅行者笑笑说:"这就是问什么你们带拐杖的摔伤了,拿伞的淋湿了,而我却安然无恙的原因。路不好时我小心地走,大雨来临时我躲着走,因此我没有摔伤,也没有淋湿。你们的失误在于你们所凭借的优势,错误地认为有了优势便少了忧患。"

敢想敢干、胆大心细的人能够拨开危险的迷雾抓住机遇,抓住机会自然离成功也就不远了;而胆怯保守的人只是习惯性地看到"危险",而看不见"机遇"。将危机化为转机便是一种成功,就像故事中的第三个旅行者一样。

　　出现危机也可能就是取得发展与进步的大好时候。南宋绍兴十年七月的一天,杭州最繁华的街市失火,大火吞噬了数以万计的房屋商铺,商铺在顷刻间化为灰烬。

　　有位姓裴的富商,苦心经营了大半生的几间珠宝店和当铺也被大火所吞没,眼看着大半辈子的心血即将毁于一旦,但他却没有让奴仆与伙计冲进火海帮他抢救珠宝财物,而是不慌不忙地指挥大家撤离,一副听天由命的样子,让人困惑不解。

　　裴先生在事后不动声色地派人大量收购石灰、砖瓦、毛竹和木材等建筑材料。朝廷在不久后,便下令重建杭州城,由于建筑材料短缺,凡是经营销售建筑材料者一律免税。杭州城里大兴土木,建筑材料供不应求,价格也就跟着水涨船高了。最后,裴先生经营建材所获得的盈利远远超过了被火灾焚毁的财产。原来是一场可能导致破产的大火灾,却变成了积累财富的一个契机。

　　要化危机为转机,首先要敢想敢干。在遭遇危机时,采取勇敢的态度对解决所面临的问题有所帮助,而且自身的潜能也会被危机所带来的压力最大限度地刺激出来,让一个人做出在平常状态下做不到的事情,从而开创出新局面。而在平时,坚持不懈、敢想敢干对处理生活中遇到的问题也可以起到巨大的作用。成功者在危机当中,不仅会想方法解决存在的问题,而且还会努力去改变那些不利的环境,风险与机遇并存,我们要尽量抓住失不再来的机遇,尽量避免不必要的风险。

有这样一个故事,一个小伙子爱上了农场主的女儿。有一次,他找机会跟农场主说明了情况,同时希望农场主可以把女儿嫁给他。农场主听后说:"我依次从牛栏中放出三头牛,只要你抓住其中任意一头牛的尾巴,我就将女儿嫁给你。"小伙子听了十分高兴,便在牛栏口等着。牛栏被打开时,一头健壮的牛飞奔而出。小伙子想,下一头应该不会这么健壮,能够轻松地抓住牛尾巴。接着一头更加强壮的牛从牛栏里跑出来,小伙子又想,下一头一定没有这么强壮。小伙子看到从牛栏抛出的第三头牛时十分高兴,它果然是头小牛。小伙子很轻松地去抓小牛的尾巴,不想却抓了个空,原来小牛没有尾巴。

　　小伙子喜欢农场主的女儿,农场主也给了他机会,然而他却没有抓住这个机会,错失良机也就错失了他的美好姻缘。很多人在抱怨说:"没有好的机遇,所以过得不好,一旦机遇来了,便如何如何。"然而,事实却不尽然。在他叫嚣机遇未来之时,其实机遇已经与其擦肩而过了。另外,即便看到了机遇,是否能把握住又是一回事,就像上述故事中的小伙子一样,机遇来了但他却没有把握住,眼看着机遇从眼前消失。这就告诉我们,风险是与机遇并存的,我们在捕捉机遇的同时,也要做好应对随之而来的风险,这样才能确保万无一失。

　　孟浩然是唐代诗人,40多岁时游历到京师。他曾在太学作诗,满座宾客都感慨佩服,无人能及。一次诗人王维邀请孟浩然到内署,忽报唐玄宗来了。这本来是一个展示自己才华的好时机,然而他却惊慌地躲到了床底下。王维实话实说后,唐玄宗十分高兴道:"这个人我听说过,但从未见过,他为何要害怕得躲起来呢?"便下令让孟浩然出来相见。原本这是可以让他平步青云的大好时机,然而他却没有把握好。当玄宗问孟浩然的诗时,他朗诵了一首怨天尤人之诗,念到了"不才明主弃"一句时,唐玄宗很不高兴地说:"你自己不想做官,我何尝抛弃过你,为什么要诬蔑我呢?"因此,孟浩然被放还,一生未受重用。

面对降临到自己面前的机遇，孟浩然没有抓住，反而错失了这次机会，而且也连带着失去了以后的机会。茨威格说："将人生投于赌博的赌徒，当他们胆敢妄为的时候，对自己的力量有充分的自信，并且认为大胆的冒险是唯一的形式。"

歌德曾说过："有时一个人受到厄运的可怕打击，不管这厄运是来自公众或者个人，倒可能是件好事。命运之神的无情连枷打在一捆捆丰收的庄稼上，只把秆子打烂了，但谷粒是什么也没感觉到，它仍在场上欢蹦乱跳，毫不关心它是要前往磨坊还是掉进犁沟。"确实，风险与机遇并存，在你遭遇厄运时却也可能是机遇来临之时，所以在你遭遇风险或是厄运时，请不要怨天尤人，也不要抱怨什么，或许这就是老天给你重新开始，重新站起来的机会。

心灵悄悄话

化危机为转机，是一种绝境中的处理方法，更是在绝境中成功的一种信念，它来自过人的胆识、勇气和强烈的自信心。没有哪家保险公司可以为你的事业成功提供保险，更没有谁可以为你家庭的幸福提供保障。

第十篇　奋斗路上，且歌且行